AF610192

DAI-BOUTZ
ADRAS
RÉCITS DE VOYAGES
PAR
Ernest Lehr
IVe Série
BERGER-LEVRAULT & Cie
PARIS & STRASBOURG

SCÈNES DE MŒURS

ET

RÉCITS DE VOYAGE

DANS LES CINQ PARTIES DU MONDE

STRASBOURG, IMPRIMERIE BERGER-LEVRAULT ET Cie.

IV, p. 270.

SÉPULTURE AUSTRALIENNE.

SCÈNES DE MŒURS

ET

RÉCITS DE VOYAGE

DANS

LES CINQ PARTIES DU MONDE

PAR

ERNEST LEHR

QUATRIÈME SÉRIE

AVEC 12 DESSINS COMPOSÉS PAR E. ENSFELDER

PARIS

BERGER-LEVRAULT ET Cie, LIBRAIRES-ÉDITEURS

RUE DES BEAUX-ARTS, 5

MÊME MAISON A NANCY ET A STRASBOURG

1872

EUROPE.

EUROPE.

I.

Une Ascension au Montserrat, en Catalogne[1].

Le 22 mars 1853, je quittai Barcelone en compagnie de deux aimables compatriotes, ou pour mieux dire, d'un Bavarois, M. Henri M***, de Nuremberg, et d'un Suisse de la Suisse allemande, M. Ulrich H***, de Trogen (canton d'Appenzell).

Nous étions installés sur l'impériale de la diligence qui faisait le service entre la capitale de la Catalogne et Esparraguera; pour les six réaux que nous coûtait chaque place,

1. D'après ROSZMÆSZLER, *Reise-Erinnerungen aus Spanien*. Leipsick, 1854, t. Ier, p. 40.

le véhicule était supportable. Comme nous avions une vue superbe, nous subîmes, sans trop murmurer, les oscillations de la voiture; mais il y a peu de pavés aussi mauvais que celui de Barcelône, et nous sortions d'une ornière pour retomber dans une autre, au risque d'obéir à la force centrifuge et de dégringoler du haut de notre observatoire.

Les deux premières localités que nous traversâmes, Sans et San Feliu, ne consistent qu'en deux rangées de maisons de chaque côté de la route; ce sont, en quelque sorte, des faubourgs de la ville. A Molins del Rey, nous passâmes sur un long pont de pierre le Lobrégat, rivière assez insignifiante et fort sablonneuse, dont nous allions suivre la rive droite jusqu'à Martorel.

A partir de ce pont, la route devient plus pittoresque; on se rapproche des montagnes; à gauche, leurs ondulations s'avançaient jusque tout près de la rivière; à droite, elles ne formaient que le fond du paysage, et une plaine bien cultivée s'étendait entre elles et nous. A chaque tour de roue, la vallée d'où sort le

Lobrégat nous ouvrait de nouvelles perspectives. Les champs de céréales étaient déjà couverts d'épis, ce qui contrastait avec les arbres encore tout à fait dépouillés de verdure.

A San Andres de la Barca, nous commençâmes à apercevoir, au fond de la vallée, mais à une grande distance encore, les formes majestueuses du Montserrat ; il fallait de bons yeux pour distinguer de là les dentelures auxquelles la montagne doit son nom (*Monte-Serrado,* mont scié). Ce n'est que quand nous eûmes atteint le sommet des collines sur le penchant desquelles serpente la route, que nous aperçûmes tout à fait nettement sa cime en forme de crête ; elle dépassait alors de beaucoup l'amphithéâtre de montagnes qui bornait de toute part l'horizon. A nos pieds, le Lobrégat apparaissait comme un filet d'argent ; tout près de Martorel, il était traversé par un pont d'une haute antiquité, connu dans le pays sous le nom de *Puente del Diablo,* et que les archéologues attribuent à Annibal.

Toute la petite ville a, du reste, un parfum de vétusté, et l'on paraît avoir tenu à y respecter le pavé comme les maisons, car il est, s'il se peut, encore un peu plus défoncé que celui de Barcelone. Juchés sur notre impériale, nous amusions royalement les badauds de cette vénérable bourgade, car il nous fallait nous cramponner des deux mains aux rebords de la voiture pour n'être pas lancés, par les épouvantables soubresauts du coche, à travers quelque fenêtre d'un premier étage.

Nous avions changé de mules à Martorel, et la voiture, repartie au triple galop, traversa à gué, sans ralentir l'allure, l'un des affluents du Lobrégat, la Noya; il y avait bien autrefois un pont, mais une arche avait été détruite pendant les guerres civiles, et quoique nous fussions maintenant sur la route royale de Madrid, il n'était venu à l'idée de personne de rétablir le pilier qui manquait. On l'a dit avant moi: l'Espagne est le pays des ponts sans eau et des eaux sans pont.

Plus nous nous approchions du Montserrat,

plus il nous semblait aride et dépouillé. La température, fort agréable jusqu'alors, était devenue froide et humide : nous résolûmes de faire à pied le reste du chemin jusqu'à Esparraguera.

A sept heures du soir, nous fîmes notre entrée dans la première et unique auberge du bourg, et c'est avec un véritable plaisir que nous y trouvâmes une de ces grandes cheminées, au feu pétillant, qui occupent la place d'honneur dans la pièce principale de toute hôtellerie espagnole. Il devait m'arriver bien souvent, par la suite, de m'accroupir dans une *venta*, près du foyer, en compagnie d'*arrieros* et de chevriers aux tournures de bandits, et de m'amuser à voir flamber les petits fagots de romarin ou de lavande, d'oranger ou de mûrier sauvage avec lesquels on alimente le feu.

Nous repartîmes le lendemain, de grand matin, pour Colbato, petit village situé juste au pied du Montserrat; la *posada del Monserrate* nous y offrit tout ce dont nous avions besoin : d'abord un déjeuner, puis un guide en la personne de don Pedro Vacarisas, le propriétaire de l'auberge.

Le géant était devant nous, avec son vêtement gris et vert foncé, et les innombrables crevasses verticales qui déchiraient ses flancs. Quant aux dents de sa crête, qui ont souvent plus de 200 pieds de haut, nous nous trouvions maintenant trop près pour les apercevoir.

A huit heures, nous étions prêts à commencer l'ascension. En tête de notre petite troupe marchait don Pedro, chaussé de légères sandales que je lui enviais souvent plus tard, la carabine sur l'épaule, une gourde et une gibecière pleine de provisions, suspendues à ses côtés. Je dois lui rendre la justice qu'il combina merveilleusement notre expédition: il nous fit débuter par des chemins assez faciles et les côtés les plus insignifiants, puis la difficulté et l'intérêt grandirent; et, pour la fin, il nous ménagea, je n'ose dire le plaisir, mais au moins le triomphe de sortir sains et saufs d'une escapade où, sans le prévoir, nous avions joué notre vie.

Après avoir atteint, par une pente douce, le pied de la montagne, nous gravîmes, le long du flanc sud-est, un sentier en zigzag, assez commode pour que nous pussions nous permettre de faire, chemin faisant, un peu de géologie et de botanique. Comme j'aime beaucoup l'histoire naturelle, je passe rarement par un pays nouveau sans rapporter des échantillons de ses minéraux ou de sa flore. Mais cette fois l'étude des terrains et des plantes avait le grand avantage d'absorber notre attention et de nous ménager, pour le moment où nous serions parvenus sur la crête de la montagne, le plaisir d'admirer le paysage; quand on ne sait pas se créer une occupation, on savoure la vue en détail tout le long de la route, et l'on n'a plus ni surprise ni véritable récompense quand on arrive au but.

Il ne nous fallut guère plus d'une heure et demie pour gagner le sommet.

Toute la Catalogne, tout ce beau pays si admirablement accidenté, se déroulait sous nos yeux. Nous étions dans un véritable ravissement et nous avions peine à croire que le spectacle pût jamais être plus grandiose; pourtant Pedro n'avait pas manqué de nous dire avec un orgueil tout catalan: « La saison n'est pas favorable; pour bien apprécier la beauté du pays, c'est plus tard qu'il faudrait le voir, quand tous ces coteaux rouges et nus sont couverts de pampres verdoyants; car tout ce que vous voyez là, ce sont des vignobles. »

Le soleil du matin donnait à tout le panorama un éclat magique: au sud-est, il transformait en une vaste nappe d'argent la Méditerranée, qui s'élevait très-haut à l'horizon, au-dessus de Monjuy. Plus à gauche, vers l'est, nous dominions une contrée montagneuse, dont le Montseny dépassait les mille sommités de toute la hauteur de son cône neigeux. A droite, vers l'ouest, le regard embrassait la Catalogne entière et n'était arrêté que par la chaîne de montagnes qui forme la limite de l'Aragon et du royaume de Valence. Au nord, c'étaient les Pyrénées qui bornaient le paysage par leur longue crête d'un blanc éblouissant.

Puis, dans cet encadrement grandiose, combien de petits tableaux enchanteurs! Du côté de la mer, dans l'ombre projetée par les collines voisines, le petit Martorel, avec le Lobrégat et la Noya qu'on voyait se réunir comme deux fils d'argent; pour ainsi dire à nos pieds, noyées dans les oliviers et les algarrobos, les maisons grises d'Esparraguera, et plus près encore, Colbato, avec la maison blanche de notre guide, la *posada del Monserrate*.

Toutefois, nous n'étions pas encore sur l'une des cimes les plus élevées du Montserrat, mais seulement sur le plateau d'où s'élèvent, comme des pains de sucre de 200 ou 300 pieds de haut, les aiguilles de rochers qui, de loin, donnent à sa cime l'aspect d'un peigne. La plupart de ces aiguilles sont absolument inaccessibles; généralement, elles ne consistent qu'en un seul bloc gigantesque, dont les faces, lentement polies par le temps, offrent à peine à quelque maigre buisson une fente assez grande pour loger ses racines. L'une d'elles porte bien à son sommet une croix qui prouve qu'on en a fait l'ascension; mais Pedro nous méconseilla cette expédition; nous eûmes beau en contourner la base, nous ne réussîmes pas à découvrir la moindre trace de sentier, et nous nous assîmes modestement au pied, sur un lit d'herbes alpestres encore desséchées.

C'est de là que, pour la première fois, nous nous rendîmes compte de la vraie forme du Montserrat. Il constitue un immense Y orienté de l'ouest à l'est, et ses branches, à peu près verticales, sont séparées par une gorge dont l'œil ne mesure pas sans effroi la profondeur. Nous explorâmes une partie de cette gorge vers la crête de la montagne; à chaque détour du sentier nous apercevions de nouvelles aiguilles, qui semblaient vouloir rivaliser de hauteur et d'audace avec leurs sœurs.

Pedro, à qui les moindres anfractuosités paraissaient familières, nous conduisait, la plupart du temps sans chemin, vers le nord-est, tantôt en montant, tantôt en descendant, jusqu'à ce que nous eussions atteint une espèce d'entonnoir formé par les aiguilles rocheuses. Arrivé là, il poussa son *mira!* — le *dites donc* des Espagnols — en nous montrant du doigt une paroi de rochers absolument verticale qui nous barrait le chemin. Si une œuvre semblable n'avait pas été tout à la fois inexécutable et sans but, j'aurais juré que j'avais sous les yeux une maisonnette peinte sur la paroi, à peu près à mi-hauteur. Jamais de ma vie, je n'avais ouvert d'aussi grands yeux, et quand Pedro finit par nous dire que nous allions monter dans cette maisonnette pour y déjeuner, nous le regardâmes tous d'un air ahuri et sans trouver une parole, tant cette idée nous paraissait extravagante. Mais le guide était déjà en route, et un instant après, nous faisions, à son exemple, ce que de prime abord nous aurions déclaré absolument impraticable. Il y avait dans le roc une sorte de rainure verticale, qui, dans le cours des siècles, s'était remplie de pierres et de gravois; c'est par cette cheminée que, nouveaux ramoneurs, nous nous élevâmes, en nous aidant des pieds et des mains, jusqu'à la hauteur de la maisonnette. Arrivés là, nous nous rendîmes compte des dimensions de l'édicule qui d'en bas nous avait semblé une image sans corps. Un sentier de 20 pas de long, de 2 pieds de large et de 5 pieds de haut, taillé dans le roc vif, conduisait à une excavation également artificielle et dont on avait fait une cellule. Nous étions dans l'un des douze ermitages qui dépendaient autrefois du couvent du Montserrat.

Inutile de dire qu'après cette prouesse nous fîmes honneur au vin de Catalogne et à nos provisions de bouche; et pourtant, chaque fois que la gourde refaisait le tour, je ne pouvais m'empêcher de répéter à mes deux amis: « Pour l'amour du ciel, défions-nous du vin de Catalogne et ne buvons pas une goutte de trop; il ne s'agit pas de nous troubler la tête si nous voulons sortir d'ici. » Mais je prêchais dans le désert, et en plein air le vin est assez inoffensif. Nous repassâmes tous les quatre par la petite plate-forme sans que le vertige fît aucune victime.

Au sortir de notre salle à manger aérienne, Pedro nous évita une seconde escalade, aussi pénible que la première, en nous conduisant directement à deux ou trois autres cellules situées un peu plus haut; toutes les douze, ayant servi de refuge aux Catalans pendant la guerre d'Espagne de 1808, ont été plus ou moins détruites par les troupes françaises.

Nous nous dirigeâmes ensuite vers la branche septentrionale de l'Y, ce qui nous permit de contempler à notre aise le gouffre qui sépare les deux branches; partout la montagne avait sa couronne dentelée.

A cette place, où le soleil d'été ne dardait pas sans interruption ses rayons dévorants, la végétation était plus abondante et plus vigoureuse; mais, en même temps, l'hiver avait laissé quelques traces : il y avait çà et là un pied de neige, à côté de plants de buis à hauteur d'homme, et mon ami M*** enleva, dans une petite excavation à côté de laquelle passait notre sentier, une longue aiguille de glace que nous fûmes bien heureux de posséder un peu plus tard.

Soudain, le *mira!* de Pedro éveilla de nouveau notre attention. Il nous avait conduits sur une petite plate-forme et étendait, sans mot dire, la main vers l'est. Ce n'est qu'après avoir joui un instant de notre admiration qu'il dit : « Le couvent de Notre-Dame du Montserrat! »

Nous avions donc devant nous le fameux couvent où Ignace de Loyola avait enfanté le jésuitisme!

Après quelques instants, nous nous remîmes en route, côtoyant sur un sentier à peine marqué le flanc abrupt de la montagne, avec une muraille de rocher d'un côté et le précipice de l'autre. Pourtant la végétation, à mesure que nous nous abaissions, devenait plus abondante et masquait ce que, plus haut, la nature avait d'excessivement austère. Le laurier commençait à se mêler au buis et répandait dans l'atmosphère des senteurs délicieuses, auxquelles ne m'avaient pas habitué les arbustes de cette famille élevés, à force de soins, dans nos serres.

Nous avions depuis longtemps perdu de

IV, p. 16.

LE COUVENT DE MONTSERRAT

vue le couvent, lorsque, tout à coup, au tournant du chemin, nous le trouvâmes à vingt pas devant nous.

Bien que nous fussions alors tout près d'un déjeuner que nous avions certes bien mérité et que devaient arroser quelques généreux flacons de vin de Catalogne, nous ne pûmes nous empêcher, en passant devant la fontaine du couvent, d'y aller boire quelques gorgées d'eau fraîche. C'est sur les murailles humides de la maisonnette qui abrite la source que je vis pour la première fois les bizarres feuilles charnues du *Cotyledon umbilicus*, qui ressemblent à un parapluie retourné.

Dans l'auberge du couvent on nous servit des œufs à la coque et une *tortilla*, mets essentiellement espagnol, composé d'œufs et de quartiers de pommes de terre daubés dans de l'huile. Qu'on me permette de dire, à propos de cette auberge, un mot sur les diverses catégories d'hôtelleries de la péninsule. La *fonda* est l'hôtel proprement dit, la maison de premier rang, analogue, sauf l'élégance et la propreté, aux hôtels de tous les autres pays civilisés. Il est d'usage d'y payer tant pour la journée, que l'on consomme ou que l'on ne consomme pas; bien que les prix soient généralement assez modérés, l'obligation de payer même les repas qu'on ne prend pas est parfois désagréable. En moyenne, une chambre à un lit, un copieux déjeuner à 9 heures et un dîner véritablement somptueux à 5 heures coûtent un *douro*, soit environ 5 francs par jour.

Au-dessous de la *fonda* se place le *parador*. Le parador, qui se rapproche, tantôt des *fonda*, tantôt des simples *posada*, se distingue surtout en ce que c'est là que les diligences s'arrêtent pour les repas. Ils sont souvent confortables, presque toujours assez chers.

La *posada* correspond à nos auberges de rouliers. Il n'est pas rare d'y trouver des écuries pour une centaine de chevaux et de mules. Le service y laisse à désirer, et pourtant les prix ne sont guère inférieurs à ceux des hôtels de premier ordre.

Enfin, au dernier degré de l'échelle se

IV, p. 18.

UNE POSADA EN CATALOGNE.

trouve la *venta*, hôtellerie le plus souvent isolée, dont le propriétaire spécule sur sa situation pour vous vendre le plus cher possible le moins de confort possible : on compte fréquemment les journées de voyage d'une *venta* à une autre, vu l'impossibilité de trouver à se loger ailleurs à plusieurs lieues à la ronde.

Notre modeste repas ne nous prit pas beaucoup de temps. L'aiguille de glace que mon ami, le Nurembergeois, avait apportée jusque là avec une si louable persévérance, rafraîchit délicieusement le vin du pays, et nous nous laissâmes aller à boire à notre soif.

Le couvent contient encore neuf vieux religieux; on n'en admet plus aujourd'hui de nouveaux. L'un d'eux, à qui nous étions recommandés et qui parlait couramment l'allemand, nous promena dans les diverses parties du vaste édifice.

La plupart des bâtiments ont été ruinés au commencement du siècle, pendant la guerre de l'indépendance. Toutefois, la façade du sud-est qui domine la vallée est encore extraordinairement imposante avec ses huit étages.

Nous fûmes agréablement surpris de trouver dans la cellule du père Servero, à part une bibliothèque théologique et scientifique bien choisie, un excellent télescope qui nous permit d'évoquer dans le lointain le pont du Diable et Monjuy. Par un temps moins brumeux, nous aurions même pu, à ce que nous dit le père, apercevoir les Baléares.

Ensuite nous visitâmes dans l'église l'image miraculeuse de Notre-Dame du Montserrat, que la tradition attribue à l'évangéliste saint Luc, et qu'ordinairement un rideau de soie dérobe aux regards des croyants. Le père nous raconta l'odyssée de cette statue de bois, mais j'avoue que je l'ai oubliée.

Enfin, il nous conduisit dans le petit jardin du couvent, qui confine vers l'ouest à une plate-forme rocheuse d'où le regard plonge dans un gouffre à pic. Au fond, tout au fond, le Lobrégat se brise en écumant contre les rochers, mais ses rugissements n'arrivaient jusqu'à notre oreille que comme un doux murmure. A gauche du jardin se dresse une immense aiguille de rocher, au haut de laquelle on a construit une petite chapelle : « C'est là, nous dit notre aimable guide, que saint Ignace a passé souvent plusieurs journées de suite en prière, sans boire ni manger, invoquant sur son œuvre la bénédiction de Dieu. »

Cette petite chapelle inaccessible et semblable à l'aire d'un vautour, c'était le berceau du jésuitisme !....

Après quelques heures d'arrêt, nous nous remîmes en chemin, car il nous restait à visiter les grottes du Montserrat. Nous nous dirigeâmes, d'abord en descendant, puis de plain pied vers le versant sud-est de la montagne, celui-là même par lequel nous avions commencé notre excursion. Bientôt, toute trace de sentier ayant disparu, Pedro nous conduisit, tant bien que mal, le long d'une paroi qui était presque verticale. Mais depuis le matin, nos yeux avaient eu le temps de s'habituer aux profondeurs vertigineuses, et nous avions appris à poser solidement notre pied sur la moindre saillie du rocher et à nous contenter de l'appui de quelque frêle buisson. Ce n'est qu'après coup qu'on se rend compte de la folle témérité de semblables promenades, où il suffirait d'un grain de sable pour vous faire rouler dans l'abîme.

Au bout d'une heure de cette gymnastique, nous arrivâmes enfin sains et saufs à l'entrée de la grotte. Nous y trouvâmes trois autres personnes que Pedro y avait commandées avec une échelle et une corde à nœuds. J'avoue que j'eus un instant de terreur quand j'appris que nous aurions besoin de ces aides et de leurs engins pour descendre dans la vallée; même dans ces conditions, la descente me paraissait tout simplement impraticable.

Nous nous trouvions tous les sept devant les cavernes, cramponnés à de petits buissons d'immortelles et ayant à peine chacun un point d'appui suffisant pour nos deux pieds. Impossible de nous retourner ou de changer de place. Déjà rompus à ce genre de difficulté, nous nous regardâmes en souriant, sans proférer une parole.

L'entrée des grottes consiste en une sorte

de vestibule grandiose composé de hautes colonnes de pierre, dont les unes s'appuient sur le sol et dont les autres forment clef de voûte. Le sol lui-même est jonché d'énormes blocs, mesurant 6 ou 8 mètres de haut, et au-dessus, au-dessous ou à côté desquels il s'agissait de se frayer passage, à moins qu'on ne sautât de l'un sur l'autre.

Mes jambes étaient les plus vieilles de la bande. Je ne sais réellement pas si c'est cette considération qui me fit renoncer à aller visiter l'intérieur des grottes ou si je reculai devant la crainte que le vénérable Montserrat ne perdît trop dans mes souvenirs, à la comparaison de ses grottes avec les merveilleuses cavernes d'Adelsberg en Illyrie. Bref, je restai dehors, en prétextant que j'avais trop chaud. Je ne saurais dire au juste si j'ai peu ou beaucoup perdu à ne pas accompagner mes deux amis; je les ai toujours soupçonnés d'avoir voulu, par leurs descriptions enthousiastes, s'amuser un peu à mes dépens ou aux dépens de ma prétendue poltronnerie.

Mais j'eus, immédiatement après, l'occasion

de montrer que je ne le leur cédais pas en courage, car on s'occupait des préparatifs de notre effrayante descente dans la vallée. Il ne fallait assurément pas moins des quatre hommes et de leurs deux échelles pour nous faire arriver à bon port. Pour atteindre depuis l'extrémité de l'échelle de corde au sommet de l'échelle de bois, et ce, sans le voir, nous dûmes nous cramponner de la main droite à une légère saillie de rocher, et de la gauche au genou d'un homme qui se tenait collé contre la paroi, puis nous allonger comme un ver de terre. Que la semelle de nos bottes fût glissante, et nous roulions dans le précipice.

Dieu merci, nous nous en tirâmes tous sans accident.

Littéralement sauvés, on peut le dire, nous ne fîmes plus qu'un bond de là jusqu'à Colbato, où un succulent repas, assaisonné de gaîté et de chansons, nous fit bientôt oublier les fatigues et les dangers de cette belle journée.

II.

Palerme[1].

Quand on arrive de Naples, la population sicilienne vous semble plus belle, plus fine, plus intelligente. Ce n'est pas que Palerme manque de bruit, de fainéants et de braillards; mais on n'y remarque jamais dans les rues ce mouvement désordonné, ce tapage assourdissant, qui, à Naples, plonge les nouveaux arrivés dans une sorte de stupeur. On n'y rencontre pas de ces gens qu'on dirait tout prêts à jeter de côté leur dernier lambeau de vêtement pour rentrer d'un bond dans l'état de nature! Au contraire, en Sicile, tout le

1. Les éléments de cet article et du suivant sont empruntés à un captivant ouvrage de M. Franz Lœher, *Sizilien und Neapel.* Munich, 1864; 2 vol. in-12.

monde aspire à avoir un habit propre et une tenue décente, et les gens plus cultivés se recommandent par des manières affables et polies.

Le bas peuple est jaune de teint, parfois brunâtre, et, avec cela, vigoureux, énergique, impétueux, curieux de nouveautés. On voit au premier coup d'œil qu'il y a en lui du feu, de la force, voire même un peu d'emportement. Ces gens-là doivent se jeter dans une guerre ou une révolte pour oui et pour non, et ils sont taillés de façon à ne pas rendre les armes avant d'avoir fait triompher leur volonté ou d'avoir été à demi écrasés.

Le lendemain de mon arrivée, Palerme était en fête. On devait ramener dans son église saint François de Paule, qui, le dimanche précédent, avait été porté en grande pompe dans la cathédrale. La colossale statue d'argent du saint apparaissait éblouissante au milieu de la principale rue de la cité; des milliers de fidèles lui faisaient cortége, les maisons étaient décorées, le plaisir et la joie rayonnaient sur tous les visages. Rien de grotesque dans la cérémonie, mais nul recueillement: la fête était à la fois une fête ecclésiastique et une fête populaire, qu'on célébrait gaîment et bruyamment. En tête du cortége marchaient quatre tambours en costume d'église, qui battaient sur leurs vieilles caisses avec frénésie. Ils étaient suivis par de longues files d'enfants, d'hommes et de vieillards, en vêtements de couleur, qui tenaient le milieu de la chaussée. A droite et à gauche s'avançaient les femmes, le voile ramené sur le visage et un cierge à la main. Entre les files couraient des gamins qui vendaient des pâtisseries et de l'eau glacée; les gens de la procession en achetaient pour eux-mêmes, en offraient à leurs connaissances; on causait, on gesticulait, on interpellait les spectateurs placés sur les balcons. Enfin, arrivait le saint, porté par une centaine d'hommes. En cet endroit, où la presse était le plus forte, tout le monde était découvert. Mais, immédiatement après le saint, venait une musique qui jouait des valses et des polkas, et une multitude assurément plus préoccupée de s'amuser que de s'édifier se bousculait à sa suite dans le désordre le plus pittoresque.

J'ai eu tout le temps d'étudier, en cette circonstance, le type des femmes siciliennes. Elles ont généralement la taille élancée, nonobstant une certaine tendance à l'embonpoint. Elles ont le visage ovale, les yeux en amande, le regard brillant sous de beaux sourcils noirs. Leurs lèvres sont un peu, un tout petit peu épaisses et ombragées par un léger duvet. J'en demande bien pardon aux belles Palermitaines, mais si j'avais à écrire leur signalement, je ne pourrais m'empêcher d'indiquer, à la colonne des signes particuliers, une petite moustache.

Même sans procession, les rues sont fort animées. Devant chaque maison, pour ainsi dire, se tiennent de petits groupes où, tout en causant, on taille et l'on coud, on lave et on repasse. Chaque voisine s'arrête un moment en passant pour échanger quelques paroles, et les hommes font comme les femmes. Un étranger demande-t-il un renseignement, aussitôt il se forme un petit rassemblement

IV, p. 28.

UNE RUE DE PALERME.

où vingt officieux parlent à la fois, si bien qu'on ne comprend pas un traître mot de la réponse; d'ailleurs l'italien des Siciliens est quelque peu brouillé avec la grammaire, et il n'y a guère que la pantomime qui reste toujours intelligible. Si d'aventure une personne plus cultivée vient à passer dans ce moment-là, elle aussi ralentit le pas; pour peu qu'on lui demande un renseignement sur quelque antiquité ou quelque vieil édifice, elle se fait immédiatement un plaisir de servir de guide à l'étranger, et l'on en est quitte pour un grand merci. A tout ce qu'on dit à un Palermitain sur les beautés ou l'antiquité de sa capitale, il répond oui avec un petit sourire tout à fait aimable. Mais dans son for intérieur, il ne trouve guère beau que les ornementations dans le style *rococo* le plus lourd et le plus disgracieux.

Dans ce siècle-ci, plusieurs grands seigneurs siciliens se sont mis à bâtir leurs châteaux dans le style arabe-normand; il y en a quelques-uns de très-beaux. La maison de campagne du duc Serra di Falco, entourée de féeriques berceaux de fleurs, rappelle certaines descriptions des *Mille et une Nuits.* Dans le château du marquis Forcella, on a reproduit la moitié de l'Alhambra, avec ses mosaïques et ses bassins de marbre. Parfois on a poussé l'originalité un peu trop loin, témoin le petit pavillon royal, la Favorite, qui est construit dans le style chinois le plus pur, avec des myriades de clochettes pendues à tous les angles et à toutes les saillies. L'architecte de la fameuse villa Pallagonia a réussi à la peupler de monstres. Par cela même que la nature et le paysage sont enchanteurs, les hommes s'avisent parfois d'aller encore plus avant dans le domaine du merveilleux, et ils ne réfléchissent pas que le domaine du grotesque y confine.

Je n'aurais plus ailleurs l'occasion de parler du spectacle qu'offrent les galeries souterraines du couvent des capucins. On y voit des milliers de cadavres bruns et noirs, complétement desséchés et suspendus à la muraille dans un cilice noir. Ce hideux pêlemêle de crânes grimaçants et de squelettes bizarrement tordus est fait pour donner à l'homme le mépris de son propre corps. Ce qui est mort appartient à la terre et au souvenir, et n'est pas fait pour être mis sous les yeux et sous le nez des vivants!... La chapelle par laquelle on passe pour aller dans la galerie des morts n'éveille pas des pensées moins tristes. Ses murs sont couverts de petits ex-voto, sur lesquels est peinte la lamentable histoire de ceux pour l'âme desquels on invoque les prières des fidèles. Or, il faut que les dernières années de révolution aient été terribles, car la moitié de ces tableaux représentent des batailles entre le peuple et la troupe ou bien des fusillades. Le peuple de Palerme a sous les yeux, dans cette chapelle, toujours remplie de pauvres et d'oisifs, une singulière galerie historique! Mieux vaudrait que tout ce monde allât enfin à l'école, pour y apprendre quelque chose de raisonnable: on ne s'imagine pas jusqu'à quel point la masse de la population est encore ignorante. Quand je songeai à partir pour l'intérieur de l'île, je voulus acheter une bonne carte du pays. Je m'adressai à un premier libraire, puis à un second, sans en trouver aucune, ni bonne ni mauvaise. Chez le troisième, on finit par me présenter une carte murale du siècle dernier, où tous les noms étaient encore écrits en latin, et les villes ou les montagnes représentées pour ainsi dire en panorama. Voyant que cela ne faisait pas mon affaire, le libraire me promit pour le lendemain matin une autre carte, moderne cette fois, et dont je ne pouvais manquer d'être satisfait. Que m'apporta-t-il? Une carte de Sicile dressée, vers 1810, par un géographe français, moitié en français, moitié en italien, et sans nulle indication de montagnes ni d'antiquités. A une quatrième tentative, on m'offrit une petite carte enlevée au *Guide du voyageur* de Lanza. Et pourtant la carte de la Sicile existe, les mesures géodésiques ont été prises il y a une dizaine d'années par un Anglais, et elle a été exécutée sept ans après par un jeune Sicilien. Mais il ne s'est trouvé à Palerme personne qui osât avancer les fonds nécessaires à l'impression. Savez-vous qui a eu ce courage et qui débite aujourd'hui cette carte vraiment très-bien faite? Un marchand de cigares allemand établi dans la capitale de l'île.

Mon voyage à la découverte de la carte me fit faire connaissance avec les librairies de Palerme. Les libraires étaient en même temps bouquinistes, et les plus achalandés avaient à la disposition du public un catalogue de leur marchandise. De gros in-folio des jurisconsultes allemands et hollandais du seizième siècle, de vieux ouvrages de théologie en latin, quelques livres de piété, des romans français, — voilà tout l'aliment qu'ils offraient à l'intelligence et à la curiosité des lecteurs siciliens. Les ouvrages allemands ou anglais ne se trouvaient dans leurs boutiques que quand ils avaient eu le bonheur d'être traduits en français ou qu'ils s'étaient égarés à Palerme par un effet du hasard. Quant aux écrits modernes de Siciliens, on avait tout autant de peine à se les procurer! Combien nous sommes plus heureux en Allemagne ou en France! Je ne parle pas de la presque totalité des livres de poésie, qui ne se publient guère qu'aux frais de leurs auteurs; mais tout autre ouvrage de quelque valeur rapporte à celui qui l'a composé de modestes honoraires; l'éditeur l'imprime à ses frais et trouve encore moyen, en le vendant, de faire ses affaires. En Sicile, il en est tout autrement: s'il vous vient à l'idée de publier un livre, vous commencez par vous payer à vous-même votre temps et votre dépense d'esprit, puis vous achetez quelques mains de mauvais papier, vous faites imprimer dessus votre œuvre à beaux deniers comptants, et, comme conclusion, vous avez le plaisir et l'honneur de faire hommage de votre volume à vos amis; bien heureux si ces amis le lisent, car en général le Sicilien ne lit guère.

Palerme vit encore tout à fait de la vie du bon vieux temps; on consacre la journée à ses petites affaires, le soir à une partie de cartes, et l'on ne se rompt pas la tête à lire et à penser. La population de la Sicile manque d'initiative. Accablée pendant des siècles par de mauvais gouvernements, elle commence aujourd'hui à relever la tête, mais elle se traîne encore un peu paresseusement par terre, encouragée dans sa mollesse par son merveilleux climat et l'extrême facilité de la vie.

III.

L'Agriculture en Sicile.

La Sicile, autrefois chantée par les poëtes comme le grenier d'abondance de l'Italie, offre aujourd'hui presque partout le plus triste aspect. Deux dixièmes de l'île sont réputés rebelles à toute culture; on les a complétement abandonnés. Un seul dixième est convenablement aménagé, soit en jardins, soit en champs labourés. Entre ces vertes et fécondes oasis, qui forment la ceinture de l'île, et les parties complétement incultes, se placent les sept autres dixièmes, qu'on pourrait appeler un demi-désert: ils seraient susceptibles de culture et n'en reçoivent à peu près point. On y sème et l'on y moissonne une fois tous les trois ans, et encore la récolte est-elle bien pauvre: il n'y a pas un grain sur trois qui produise du fruit; ce sont aujourd'hui de véritables steppes, envahies par le palmier nain et toute sorte d'autres mauvaises herbes; à ce point qu'un mulet a peine à s'y frayer passage. Et pourtant ce sont évidemment là les régions qui, tout en nourrissant les six millions d'habitants de la Sicile, expédiaient jadis en Italie d'innombrables vaisseaux chargés de blé; au moment actuel, c'est à peine si l'île suffit à sa propre consommation.

Aussi je ne sais s'il existe en Europe un pays où l'agriculture soit plus pitoyablement organisée qu'en Sicile.

On ne cultive le pays que tout à l'entour des villes en s'arrangeant de façon à pouvoir rentrer le soir chez soi, après avoir travaillé sur son champ pendant la journée; les terres trop éloignées des villes pour comporter ce manége restent en friche. Le matin, on voit sortir par toutes les portes des paires de mulets dont l'un porte le paysan, l'autre les instruments aratoires et un sac, soit pour la semence, soit pour la récolte. On chemine ainsi pendant une ou deux heures, jusqu'à ce qu'on soit arrivé à la pièce de terre à cultiver. Chacun travaille seul, en grande hâte, avec le plus misérable attirail. Un classique s'épanouirait d'aise en voyant combien tout a gardé, dans cet ordre de choses, son parfum d'antiquité. La charrue est une simple houe ou, pour mieux dire, un croc, qui égratigne la terre juste assez pour qu'elle recouvre la semence.

Lorsque le blé est mûr, on coupe l'épi très-haut avec une petite faucille, et on le bat sur place avec un bâton, ou bien encore, on cherche une place unie, on y entasse les épis et on les fait fouler par des bœufs ou des mulets jusqu'à ce qu'on juge le grain suffisamment dégagé de ses alvéoles. Faute de mieux, on s'installe sur les routes, pour peu qu'elles soient assez larges. Après ce battage sommaire, le paysan emplit son sac et remonte sur sa bête: je vous laisse à juger combien de grains se perdent.

Ce système de petite culture, si défectueux qu'il soit, est encore le moins mauvais. Mais la plus grande partie du pays appartient au clergé ou à un certain nombre d'anciennes familles. Pour toutes les propriétés étendues, ou bien le propriétaire loue en bloc, ou bien il ne fait cultiver que les cantons les plus fertiles ou les moins éloignés d'endroits habités. Quand on voyage en Sicile à l'époque de la moisson, on voit dans les champs des rangées de dix, quinze, vingt ouvriers travaillant ensemble : c'est un signe infaillible que le sol, aussi loin que le regard peut porter, appartient à un seul et même maître. Il y a de ces biens qui ont de quatre à cinq lieues de long, et les travailleurs viennent souvent de fort loin. Dans ce cas, ils plantent trois perches au-dessus d'un bon feu ; à ces perches, réunies par le haut, ils suspendent un antique chaudron sur un antique trépied et à côté d'une non moins antique cruche d'eau. Voilà toute leur installation. Tout au plus, quand l'ouvrage doit prendre plusieurs jours, dresse-t-on un léger abri en roseau ; le plus souvent, on se couche à la belle étoile auprès du foyer. Il est probable que les esclaves des seigneurs romains n'étaient pas beaucoup plus mal soignés. Une fois le champ ensemencé, et Dieu sait comment, personne ne s'en occupe plus. Au bout de quelques mois, un intendant va voir si le blé est mûr et combien il faudra d'ouvriers pour la moisson.

On peut chevaucher pendant des heures, dans une contrée totalement dépourvue d'arbres, sans apercevoir autre chose que, de loin en loin, une pauvre masure en pisé couverte de roseaux. C'est la demeure d'un *massaro*, d'un fermier qui a peut-être des centaines d'arpents en location. Impossible de se figurer une habitation humaine plus pauvrement montée et plus misérable : les pionniers des forêts vierges de l'Amérique sont certainement moins mal installés dans leurs *blockhouses* en bois vert que le massaro sicilien dans son gîte. C'est à peine s'il y a une fontaine auprès de la maison. En guise d'écuries, une sorte de hangar, complétement ouvert d'un côté, avec un tas de paille pour les litières. On ne songe ni à nourrir le bétail à l'étable ni à recueillir les engrais. Il faut que les animaux, tout comme les champs, apprennent à se passer de nourriture; aussi poussent-ils l'ingratitude jusqu'à se montrer de moins en moins féconds. Et pourtant, sur les collines pierreuses du voisinage croissent les meilleures herbes fourragères; il suffirait de prendre la peine de les cultiver, de les récolter et de les faire sécher. Mais il est vrai de dire que, si le paysan disposait des engrais nécessaires, il ne saurait comment les transporter sur ses champs, soit à dos de mulet, soit à l'aide des misérables carrioles du pays; c'est à peine s'il existe des chemins tracés. L'agriculture est complétement ruinée dans l'intérieur de la Sicile, et l'on se demande si elle pourra jamais s'y relever.

Mais, d'un autre côté, cette grande île, dans laquelle réussissent les fruits les plus précieux du Nord et du Midi, qui recèle des mines abondantes de sel gemme et de soufre, dont la côte est bordée des plus beaux bancs de corail, dont toutes les eaux sont poissonneuses, la Sicile est-elle condamnée à ne plus briller que sur ses bords, tandis que le cœur du pays se flétrit et se meurt? Les habitants ne manquent pourtant ni de zèle ni de savoir-faire. Quand on les regarde agir, on est enchanté de leur belle humeur, de leur esprit et de leur intelligence. Ils comprennent tout à demi-mot, ils montrent de l'aptitude pour tout. Rien qu'à l'élégance de leur tournure, on reconnaît en eux la trace des nobles qualités de l'Italien du sud. De quoi une pareille nation ne serait-elle pas capable, si elle était bien gouvernée! Malheureusement, depuis la chute des Hohenstaufen, et il y a longtemps de cela, Naples et la Sicile ont eu peu de périodes de prospérité; leurs habitants ont sans doute décliné à bien des égards; mais ce qui est surprenant, c'est qu'ils aient conservé, à travers des siècles d'oppression et d'affaissement, un grain d'énergie et d'initiative.

Il manque à la Sicile trois choses : des routes, des forêts et de l'eau.

Il faudrait qu'elle fût sillonnée dans toutes les directions de bonnes voies de communication. Les routes sont à un pays ce que les artères sont au corps humain : le corps n'est en santé qu'autant que le sang peut y circuler librement. Avec un bon système de routes, l'agriculture prendrait un nouvel essor; les campagnes se repeupleraient, et l'intérieur de la Sicile cesserait d'être un désert inculte.

Le manque de forêts n'est pas moins désastreux. Partout où les forêts ont disparu, et, à leur suite, l'ombre et la fraîcheur, la bonne terre, brûlée par le soleil, s'est changée en poussière et les vents l'ont balayée. Dans des cantons autrefois boisés, le cactus a pris la place des arbres, et le peuple ne s'en est pas trop ému, parce qu'en automne il récolte sur ces plantes une sorte de figue qui lui tient lieu de pommes de terre. Ce n'est que par le reboisement des parties dénudées de l'île qu'on mettra des bornes à l'aridité croissante du pays, et qu'on aura des sources et des ruisseaux avec de l'eau dans toutes les saisons. Ce n'est qu'à l'ombre des bois que, pendant les ardeurs de l'été, les troupeaux trouveront une nourriture fraîche; ce n'est que dans les forêts que les fabriques pourront se procurer le combustible dont elles manquent aujourd'hui. Sans doute le reboisement est devenu en Sicile une opération fort coûteuse, difficile et même impossible à certains endroits. Mais ce n'est pas une raison pour y renoncer. L'Écosse fournit à cet égard un exemple encourageant : il a suffi d'une génération pour couvrir ses pentes rocheuses d'une végétation vigoureuse, et tout le pays en ressent déjà les bienfaits. On commencerait par les cantons les mieux appropriés, par les environs de l'Etna, par les landes ou les plateaux élevés que leur éloignement des villes rend peu propres à la culture proprement dite. Combien le pays ne gagnerait-il pas déjà, si l'on plantait des arbres sur le bord des routes et le long des rivières !

Enfin, ce qui manque encore en Sicile, c'est un système d'irrigation rationnel. Bien que l'eau courante y ait tant de valeur qu'on en loue à des prix exorbitants des filets de l'épaisseur du doigt, on laisse subsister dans plusieurs parties de l'île des eaux croupissantes qui corrompent l'air et engendrent des maladies pestilentielles. Il suffirait pourtant, pour les utiliser, de creuser plus profondément le lit des cours d'eau existants, de le régulariser et de créer un réseau de canaux et de réservoirs.

Ce sont là trois objets essentiels sur lesquels un gouvernement vigilant ne saurait fermer les yeux : la prospérité et la richesse de la Sicile sont à ce prix.

Mais une fois qu'il aura pourvu le pays de chemins, de forêts et d'un bon système d'eaux, le gouvernement aura un autre problème à résoudre. C'est d'arriver au morcellement des immenses propriétés qui, dans le cours des siècles, se sont accumulées entre les mains du clergé et qui aujourd'hui forment la majeure partie des terres incultes, bien que susceptibles de culture. Les environs de l'Etna, où chaque domaine est peu étendu et où la population est par là même plus compacte, sont généralement très-bien cultivés. Pourquoi n'en est-il pas de même des vastes propriétés du clergé et de la noblesse ? Parce qu'elles sont soumises à un mode d'exploitation déplorable. Des spéculateurs les louent en bloc, puis sous-louent les terres arables, par petites parcelles, à d'humbles cultivateurs, et les pâturages à d'autres spéculateurs, qui les exploitent pour l'élève du bétail. Ceux-ci, s'ils n'améliorent pas leurs lots, ne peuvent du moins pas beaucoup les détériorer; mais il n'en est pas de même des petits fermiers, qui épuisent nécessairement la terre. Comment attendre d'eux qu'ils fument abondamment leurs champs, qu'ils creusent des canaux d'irrigation, qu'ils plantent des haies et des arbres, alors qu'ils ne sont locataires que d'une toute petite parcelle, ou, ce qui est bien pis, alors qu'ils n'ont qu'un bail de trois, quatre ou six ans et sont si pauvres qu'il leur faut emprunter du principal locataire, et à un taux usuraire, jusqu'aux semences et aux instruments aratoires? Celui qui fait cette spéculation pressure ses sous-locataires sous toutes les formes, sans jamais leur laisser recueillir le fruit de leurs peines. De son côté, le sous-locataire cherche à se rattraper en demandant au sol plus qu'il ne saurait raisonnablement fournir, et sans jamais lui donner le moindre aliment. Dans de semblables circonstances, il serait surprenant que l'agriculture ne fût pas ruinée en Sicile, et elle ne se relèvera que quand le système des cultures personnelles se sera généralisé, au lieu de constituer, comme aujourd'hui, une infime exception.

Presque tous les pays d'Europe ont déjà passé par une révolution analogue : le tour de la Sicile ne peut tarder longtemps, et sa régénération ne commencera réellement qu'après.

ASIE.

ASIE.

I.

Les Habitants du Turkestan chinois[1].

Le Turkestan chinois est la province la plus occidentale de l'empire du Milieu ; dans le sens le plus général de ce nom, c'est la partie de l'Asie centrale située au nord du Karakoroum, ou chaîne médiale de la haute Asie, et qui s'étend jusqu'au Thian-Schan ou Sayan-Schan d'Atkinson. La principale arête du Kunlun, de la plus petite et plus septentrionale des trois chaînes dont le système constitue la haute Asie (Himalaya, Karakoroum, Kunlun)

1. Rédigé en grande partie d'après un récit du célèbre voyageur bavarois ROBERT VON SCHLAGINTWEIT, traduit par la *Revue britannique* d'avril 1869.

est comprise dans la partie sud du Turkestan, tandis que les rameaux occidentaux, dont l'altitude est probablement insignifiante, paraissent s'étendre dans le nord de la même région.

La population actuelle se rattache, sous bien des rapports, aux Mongols du voisinage. Toutefois, elle forme une race à part, nettement caractérisée, dont les rejetons se donnent eux-mêmes le nom de *Tourcs*. C'est de cette race que dérivent les Turcs établis aujourd'hui en Europe.

Les Tourcs parlent la langue turque; s'il y a entre eux et les Turcs des différences de dialecte, il est infiniment probable que c'est dans l'Asie centrale que s'est conservée la pureté primitive de la langue, tandis que les Turcs d'Europe l'ont successivement altérée par un mélange de persan, d'arabe et même de mots pris à nos langues occidentales.

Comme les Turcs d'Europe, leurs ancêtres les Tourcs de l'Asie centrale sont mahométans, de la secte réputée seule orthodoxe des Sunnites; mais ils se distinguent d'eux par leur probité, leur activité et leur hospitalité.

Leur civilisation, plus avancée que celle de leurs voisins les Thibétains, est encore assez primitive. La connaissance de la lecture et de l'écriture est peu répandue : les affaires les plus importantes se traitent de vive voix sans notes ni registres, et il n'y a pas trace d'une littérature moderne.

Les habitants des montagnes, ceux qui en été séjournent sur le versant nord du Karakoroum et sur le versant sud du Kunlun, à des altitudes considérables, et qui, pendant les mois d'hiver, viennent chercher dans les vallées une température moins rigoureuse, sont essentiellement pasteurs et nomades. Ils élèvent en foule les grands chameaux bactriens à deux bosses, des chevaux excellents, des yaks ou bœufs grognants, qui sont tous aptes à franchir, même avec de lourds fardeaux, les cols les plus élevés. Ils ont aussi de nombreux troupeaux de moutons à la queue chargée de graisse; la laine est tantôt filée, tantôt convertie, par un procédé fort simple, en un feutre très-résistant. En général, le Tourc est industrieux et fabrique de grands tapis, voire même des tentes entières, qui font honneur à son adresse et à son goût.

Les habitants des plaines, généralement sédentaires, ont des occupations plus variées. Ils cultivent des champs et des vergers, sont filateurs et tisserands, et trafiquent des produits, tant de leur sol, qui est très-fertile, que de leur industrie. Ils poussent leurs voyages de commerce par des chemins presque impraticables, au sud, jusqu'à Lada, dans le Thibet, et Cachemyr dans l'Himalaya; au nord, jusqu'aux bords du lac Issicoul; à l'ouest, jusqu'à la frontière russe. A l'est, leur commerce est arrêté par le grand désert de Gobi.

Entre les villes situées dans les plaines du Turkestan chinois, il convient de nommer en première ligne Yarkand et Kaschgar, où l'on prétend que la Russie a déjà des consuls; puis Eltschi, que les cartes appellent souvent Khotan[1] ou Hitsché, enfin, Kéria, Tschira, Youroungkasch et Karakasch.

1. La carte de la Chine du *Hand-Atlas* de STIELER mentionne à la fois Eltschi et Chotan, la première au nord, la seconde au nord-est de Bouschia.

« La meilleure manière, dit M. Robert de Schlagintweit, de mettre en lumière les mœurs et les usages particuliers des Tourcs, est peut-être de raconter notre première entrevue avec les habitants de la vallée de Bouschia, sur les pentes nord du Kunlun, à une altitude de passé 3,000 mètres. Nous étions vêtus comme les Tourcs, et nous nous donnions pour des marchands mahométans de Delhy, dans le nord de l'Inde; mais, au moment où nous atteignîmes les premières localités habitées du Turkestan, nous étions dans un état assez misérable, à demi morts de fatigue et de faim. Au passage du Kunlun, nous avions été surpris par un si furieux ouragan de neige, qu'il nous avait fallu abandonner un ballot plein d'argent et de marchandises, notre tente et nos couvertures; la nuit suivante, à une altitude qui ne dépassait guère 4,700 mètres, le froid fut si vif que nous eûmes deux chevaux gelés. Le 23 août, le thermomètre marquait 11 degrés au-dessous de zéro.

« Au premier abord, nos relations avec les

Tourcs s'annoncèrent mal. Nous avions passé à plusieurs reprises devant des enclos et des prairies; les signes qui annoncent la proximité des habitations se multipliaient. Tout à coup, en tournant un angle de la vallée, nous aperçûmes dans le lointain une rangée de belles tentes et dans le voisinage de grands troupeaux gardés par des groupes d'hommes, de femmes et d'enfants. Nous nous étions mis à examiner ces groupes avec une grande lunette d'approche, quand, en un clin d'œil, la scène changea. A notre grande surprise et à notre grand regret, ce fut une fuite précipitée et générale.

« Notre guide, Mohammed-Amin, qui était d'Yarkand et fort au courant des habitudes de ses compatriotes, s'efforça de nous tranquilliser: cette débandade n'était que l'effet d'un malentendu et il allait y mettre un terme. Il nous pria de nous arrêter, s'avança seul, cria aux habitants, en tourc, que nous venions comme amis, puis déposa ostensiblement ses armes à terre et fit quelques pas en arrière. Aussitôt les Tourcs se débarrassèrent

.V, p. 57.

RÉCEPTION CHEZ LES TOURCS.

de leurs fusils à mèche, qui ne sont pas mauvais du tout, et sur lesquels nous découvrîmes plus tard une marque de fabrique russe; ils vinrent à nous en grand nombre, et la connaissance fut vite faite. Quand nous leur demandâmes plus tard pourquoi ils avaient d'abord pris la fuite, ils répondirent que ce n'était pas sans cause, puisque nous avions braqué sur eux un fusil; c'était notre lunette qu'ils avaient prise de loin pour une arme à feu.

« Jusqu'alors nous étions restés à distance. Sur un signe de Mohammed-Amin, nous approchâmes, montés sur nos deux derniers chevaux. Aussitôt des enfants accoururent en poussant des cris de joie. Les uns prenaient nos chevaux par la bride; les autres, mettant à tour de rôle le pied sur nos étriers, venaient nous baiser au front, en signe de la déférence que la jeunesse doit aux vieillards et aux hôtes. C'est au milieu de cet aimable cortége que nous atteignîmes les tentes. Devant l'une d'elles était étendue une magnifique couverture de feutre, sur laquelle on nous invita à nous asseoir : chacun ici est libre de choisir la posture qui lui convient ; il n'est pas obligatoire de croiser les jambes, ainsi que le font les Turcs d'Europe.

« La conversation ne tarda pas à s'engager au milieu d'un luxe de cérémonies et de démonstrations de politesse. Heureusement pour nous, Mohammed-Amin avait passé plusieurs semaines à nous instruire dans l'art des salams et des formules, comme dans l'art de manger décemment avec les doigts, car il n'y a pas de peuple en Asie qui attache à l'étiquette plus d'importance que les nomades dont nous nous trouvions alors les hôtes.

« Tout en causant, on se passait à la ronde une pipe allumée, dont chacun tirait à son tour quelques bouffées ; mais avant de la présenter à son voisin, le fumeur lui adressait une foule de compliments hyperboliques, auxquels l'autre répondait avant de la prendre ; le tout accompagné de gestes si bizarres et si gravement exécutés que les premières fois nous eûmes beaucoup de peine à garder notre sérieux.

« Peu après, on apporta du thé et quelques plats de viande. Le doyen d'âge prononça une prière, puis, imité en ceci par tous les assistants, il se caressa majestueusement la barbe avec les deux mains : on eût dit que, par excès de politesse, personne n'oserait commencer. Chacun, laissant fumer les plats, repoussait vers son voisin sa tasse de thé. Enfin, le plus audacieux garda la sienne.

« Pendant le repas, nous fûmes, de la part des Tourcs, l'objet d'une attention bien naturelle. Notre teint clair surtout paraissait les surprendre à un haut degré, mais nous sûmes calmer leur étonnement en leur disant que, dans l'Inde, les hautes classes, parmi lesquelles nous ne manquions pas de nous ranger, avaient toutes le teint au moins aussi clair que nous, et que, quant aux Européens, ils avaient un teint rivalisant de blancheur avec la neige fraîchement tombée. Quoique fort étonnés de cette dernière affirmation, les Tourcs, qui n'avaient jamais vu un Européen, nous prirent pour ce que nous voulions être, pour de riches marchands de Delhy, d'une ville qu'ils connaissaient de nom et sur laquelle nous avions mille choses à leur conter.

« Le costume des Tourcs est riche et élégant. En hiver, il se compose d'une longue robe fourrée, d'un bonnet de pelisse, d'un pantalon de laine et de longs bas en un feutre très-fort. On tire ces bas par-dessus le pantalon, on les assujettit au-dessus du genou par une jarretière plus ou moins ornée et l'on en rabat le haut comme des revers de botte ; leur épaisseur fait que les souliers sont très-grands et informes.

« Le costume d'été se compose d'une longue robe de soie légèrement ouatée, d'un pantalon de laine blanche et d'un léger bonnet, qui rappelle la calotte des juifs d'Asie. Ni bas ni souliers, mais de hautes bottes qui montent jusqu'au genou.

« Par-dessus les robes ou cafetans, on enroule, été et hiver, une épaisse ceinture où l'on fourre des armes, des pipes et d'autres menus objets d'un usage fréquent.

« Les habitations de Bouschia répondaient, par leur confort relatif, à l'élégance de ce costume; nous ne nous attendions pas à ce que de simples tentes fussent aussi bien aménagées. Lès ustensiles de cuisine, en particulier, étaient magnifiques. Il y avait là des théières de provenance russe qui n'eussent pas déparé la maison européenne la plus opulente. Quant à la vaisselle et aux vases à boire, qui venaient de la Chine, on les aurait remarqués sur la table d'un prince.

« Mon attention, sollicitée par une foule d'objets, fut plus vivement attirée par un grand et superbe faucon enchaîné à une haute perche. La chasse au faucon s'est conservée jusqu'à nos jours dans quelques parties du Turkestan; mais les hommes seuls y prennent part.

« Je ne saurais trop louer l'accueil aimable et prévenant que nous firent les Tourcs de la vallée de Bouschia. Mohammed-Amin, qui conduisait nos affaires avec une parfaite habileté et que ses compatriotes connaissaient tout au moins de nom, leur avait expliqué que nous ne trafiquions que des étoffes les plus fines et les plus précieuses. Si nous étions tombés chez eux, c'était uniquement parce que les vivres nous avaient manqué après divers accidents. Nous avions expédié d'avance sur Yarkand la plus grosse section de notre caravane; l'autre attendait notre retour à Soumgal. Je ne sais quels autres contes il leur débita. Les riches étoffes que nous montrions volontiers pour confirmer les allégations de notre guide, dissipèrent tous les doutes dans l'esprit des Tourcs. Nous étions bien pour eux des marchands de premier ordre. Nous osions leur dire que ces splendides étoffes étaient beaucoup trop chères pour des gens aussi simples qu'eux; cependant nous nous déclarions prêts à leur céder quelques ceintures et du drap pour les hommes, quelques châles et des soieries pour les femmes, s'ils voulaient nous pourvoir, en échange, de chevaux, d'yaks, de moutons et de vivres.

« Après quelques pourparlers, on nous fournit de bon cœur tout ce que nous souhaitions, à des prix élevés, mais nullement exorbitants. Les bonnes gens avaient si bien pris confiance, qu'ils nous livrèrent leurs biens avant d'être intégralement payés, soit en marchandises, soit en argent, faute du ballot qui contenait une grande partie de notre avoir et que nous avions laissé dans les hautes régions du Kunlun. Quelle preuve de la probité et de la solidité du commerce dans l'Asie centrale! Nous leur proposâmes de nous donner deux des leurs pour nous accompagner dans notre retour à Soumgal, où nous promettions de nous acquitter. L'arrangement fut aussitôt accepté. Est-il nécessaire d'ajouter que nous tînmes libéralement notre promesse? »

II.

Trois semaines de séjour chez les Turcomans Iomoutes[1].

L'eau est si peu profonde, sur les bords de la mer Caspienne, que notre bateau dut s'arrêter à environ 2,000 mètres du rivage en regard de l'embouchure du Gœrjen; le pilote Jacob se rendit à terre, dans le campement que nous apercevions des deux côtés du fleuve, sous forme d'une agglomération de grandes ruches, pour nous faire chercher

1. Les éléments de ce récit et du suivant sont empruntés au voyage accompli en 1863 par le savant Hongrois HERMANN VAMBÉRY, dans l'Asie centrale (*Reise in Mittelasien*, deutsche Original-Ausgabe; Leipzig, Brockhaus, 1865). M. Vambéry est le premier Européen qui, au prix de fatigues et de dangers inouïs, ait pu pénétrer jusqu'au cœur de la Tatarie et nous ait initiés à la configuration du pays et aux mœurs de ses habitants. Ce n'est que grâce à la merveilleuse connaissance qu'il avait des langues et des habitudes de l'Orient et en se faisant passer pour un derviche de Constantinople ayant fait le pèlerinage de la

dans les petits *teimils,* qui peuvent seuls naviguer dans ces parages.

Hadji-Bilal et moi nous fûmes les derniers à débarquer. A peine arrivé à terre, j'appris avec grand plaisir que Khandchan, chef des Turcomans, auquel Nour-Oullah m'avait recommandé, était accouru pour me recevoir; en effet, je le trouvai accroupi à quelques pas de la mer, faisant sa prière de midi. Quand il eut achevé ses dévotions, il se leva, se dirigea vers moi, m'embrassa en m'appelant par mon nom et me souhaita la bienvenue. Il embrassa également Hadji-Bilal et Hadji-Salih, et, chaque voyageur ayant rechargé son bagage sur ses épaules, nous nous acheminâmes vers le campement.

Mecque *(hadji)*, que l'auteur est parvenu à traverser sain et sauf des contrées où tout étranger est réputé un ennemi et mis à mort sans miséricorde. — M. Vambéry s'était joint, pour se rendre de Téhéran à Boukhara et à Samarcande, à une troupe de pèlerins originaires des régions orientales de la Tatarie et qui, après avoir visité la ville sainte, retournaient chez eux. Il arrive ainsi à la mer Caspienne, et, en attendant une occasion sûre pour gagner Boukhara avec ses compagnons, s'arrête pendant quelque temps chez les Turcomans Iomoutes, qui occupent la côte sud-est de la mer : c'est cette partie de son récit que nous résumons ici.

Tout le monde y connaissait déjà notre arrivée; aussi une troupe de femmes, d'enfants et de chiens se précipitèrent pêle-mêle hors des tentes, pour voir les pèlerins, et, en les embrassant, avoir part, selon l'affirmation des Mollahs, aux mérites du pèlerinage. Le tableau tout nouveau qui se déroulait sous mes yeux, ces bizarres tentes en feutre, ces femmes uniformément vêtues d'une longue chemise en soie rouge, tous ces bras ouverts et ces mains tendues vers moi, tout cela me surprit tellement qu'au premier moment je ne sus littéralement pas à quoi donner mon attention. Jeunes et vieux, hommes et femmes, chacun tenait à toucher les pèlerins couverts de la sainte poussière de la Mecque et de Médine, et ce n'est pas sans étonnement que je voyais les plus belles femmes, voire même des jeunes filles, accourir pour me serrer dans leurs bras. Tout épuisés de ces démonstrations, nous atteignîmes, enfin, la demeure du *Grand-Ichan* (prêtre); notre caravane s'y concentra et j'assistai au plus curieux spectacle que j'eusse jamais contemplé : c'est là que nous devions recevoir nos quartiers de logement, et je ne revenais pas de l'ardeur avec laquelle ces bonnes gens se disputaient l'honneur d'héberger un ou plusieurs d'entre nous ; j'avais bien entendu vanter l'hospitalité des nomades, mais je ne me la figurais pas aussi empressée. Les femmes commençaient déjà à se quereller, lorsque Khandchan mit un terme à la discussion, en faisant la répartition des pèlerins, et nous emmena, Bilal et moi, comme ses propres hôtes, dans son *owa*.

Le jour baissait déjà quand nous arrivâmes chez lui, pleins du doux espoir de prendre quelque repos. Malheureusement nous nous étions trompés. Notre demeure consistait bien en une tente séparée; mais à peine en avions-nous pris possession avec le cérémonial d'usage, c'est-à-dire en en faisant deux fois le tour et en crachant dans les quatre coins, que nous fûmes assaillis par une foule de visiteurs, qui restèrent installés chez nous jusque fort avant dans la nuit et nous fatiguèrent, par leurs mille questions, au point que même Hadji-Bilal, tout Oriental qu'il fût, finit par perdre patience.

Le soir, le jeune fils de notre hôte, Baba-Dchan, nous apporta dans une grande écuelle de bois notre souper, qui consistait en poisson bouilli, avec du lait caillé. Un esclave persan, chargé de lourdes chaînes, porta l'écuelle jusque tout près de nous et Baba-Dchan nous la présenta ; puis il s'assit à quelque distance avec son père, contemplant avec une évidente satisfaction combien nous faisions honneur à ce festin. Après le repas, on fit la prière ; Bilal leva les mains, puis se frotta la barbe, ce en quoi chacun des assistants l'imita, et Khandchan prit congé de ses hôtes.

La tente des Turcomans, sous laquelle je couchais pour la première fois et que l'on retrouve dans toute l'Asie centrale jusqu'en Chine, est commode et relativement élégante. Elle consiste en une carcasse de bois recouverte de morceaux de feutre, et ne se distingue, chez les riches ou les pauvres, que par le plus ou moins de luxe de son

IV, p. 92.

FEMMES TURCOMANES DRESSANT LA TENTE.

aménagement intérieur. Fraîche en été, chaude en hiver, cette tente se prête à merveille aux exigences de la vie nomade et du climat; on trouverait difficilement un meilleur abri contre les ouragans; et, alors que l'Européen, entendant siffler le vent, s'attend à voir déchirer en mille pièces la mince enveloppe qui le protége, le Turcoman, qui connaît la résistance de sa demeure, se borne à serrer les cordes de la charpente et s'endort tranquille. D'un autre côté, le montage et le démontage sont si aisés que les femmes en sont seules chargées.

Aussitôt qu'il me fut permis de me livrer au repos, je m'endormis profondément, et j'étais le lendemain dans les meilleures dispositions. Hadji-Bilal, s'en étant aperçu, m'engagea à faire une petite promenade avec lui; dès que nous nous fûmes un peu éloignés du campement, il me fit observer qu'il était maintenant grand temps de me dépouiller du caractère d'*effendi* dont je m'étais prévalu en Perse, pour devenir un derviche de cœur et d'âme : «Tu auras déjà remarqué, me dit mon excellent compagnon, que tous mes collègues et moi, nous distribuons parmi les gens des bénédictions; il faut absolument que tu te décides à en faire autant. Je sais que ce n'est pas l'usage à Constantinople, mais ici on te le demandera, et l'on trouverait fort étrange que tu te donnasses pour un derviche si tu n'en jouais pas complétement le rôle. Tu connais déjà la formule du *fatiha;* tâche de prendre un air de componction et distribue des bénédictions. Si tu es appelé auprès de malades, tu pourras aussi leur donner le *nefes* (le souffle sacré); mais en même temps ne manque pas de tendre la main, car tout le monde sait que les derviches vivent de ces pieuses pratiques et sera prêt à te rémunérer par un petit présent.» Le bon Bilâl s'excusa de s'être permis de me faire la leçon, mais c'était pour mon bien, me dit-il, et je ne devais pas oublier l'histoire de ce voyageur, qui, arrivant dans le royaume des borgnes, eut soin, par respect pour l'égalité, de tenir un de ses yeux fermé.

Quand nous rentrâmes au logis, Khandchan

nous attendait déjà avec plusieurs de ses parents et de ses amis, et il nous présenta les assistants, afin que nous leur donnassions notre précieuse bénédiction. Puis il nous dit que l'hôte étant considéré chez les Turcomans comme le membre de la famille le plus cher, nous pouvions maintenant circuler à notre gré, non-seulement dans son clan, mais encore parmi tous les Iomoutes : si quelqu'un s'avisait de nous faire du mal, il saurait bien exiger une réparation éclatante.

On comprend combien ces paroles me firent plaisir, à moi dont le rôle était d'errer à ma fantaisie pour apprendre à connaître les hommes et les lieux. Aussi ne restai-je à Gœmuchtépé que le temps nécessaire pour élargir le cercle de mes relations et me perfectionner dans la langue du pays. Les premiers jours, j'allai faire avec Khandchan, son frère ou quelqu'un de ses amis, des visites dans les différentes owas du campement; d'autres fois, je sortis avec Bilal, pour distribuer des bénédictions, ou avec Hadji-Salil, qui faisait de la médecine sur une grande échelle. Tandis qu'il administrait ses drogues, je récitais la formule de la bénédiction, et l'on ne manquait jamais de me donner en payement un petit tapis de feutre, du poisson sec ou quelque autre bagatelle. Soit le bonheur que nous eûmes dans nos premières cures en commun, soit la curiosité que j'éveillais en ma qualité d'*hadji roumi*, c'est-à-dire d'hadji turc, — c'est ainsi qu'on me désignait généralement à Gœmuchtépé, — toujours est-il qu'au bout de peu de jours ma tente ne désemplissait pas de malades ou de soi-disant tels, auxquels je distribuais, moyennant honoraires, des bénédictions, le souffle sacré ou de petits talismans écrits.

J'essayai de profiter de ma situation pour me renseigner peu à peu sur la constitution politique et sociale du peuple au milieu duquel je me trouvais; mais ce fut plus difficile que je ne m'y attendais. A la moindre marque de curiosité de ma part, on s'étonnait qu'un derviche, ne vivant qu'en Dieu, se préoccupât et se mêlât des choses de la terre. Aussi ai-je eu beaucoup de peine à recueillir le peu de renseignements que j'ai rapportés à cet égard, car toute espèce de question m'était interdite. Heureusement, les Turcomans, qui, à part leurs *alamans*[1], vivent dans l'oisiveté la plus complète, ont l'habitude de se réunir par groupes devant leurs tentes, et passent volontiers, tout en fumant, de longues heures à parler de chevaux ou de politique. Je me contentais, dans ces cas, de m'asseoir silencieusement auprès d'eux, dans un coin, et, absorbé en apparence par mon rosaire, je m'initiais peu à peu à l'histoire de leurs expéditions guerrières, à leurs rapports avec la Perse ou les autres peuples nomades, etc.

L'alaman joue un très-grand rôle dans la vie des Turcomans. Pour peu qu'on leur offre de prendre part à une expédition offrant quelques chances de gain, on les trouve tout prêts à s'armer et à monter à cheval. Le plan d'un alaman est toujours tenu secret; les plus proches parents mêmes n'en reçoivent pas

1. On nomme alaman chez les Turcomans des expéditions qui, comme les razzias chez les Arabes, ont pour but le pillage, le vol et la prise de malheureux qu'on réduit en esclavage.

connaissance. Les associés choisissent leur chef, vont requérir la bénédiction d'un Mollah; puis, avant le lever du soleil, ils se rendent isolément, et par divers chemins, au lieu de ralliement. L'attaque a lieu vers minuit, lorsqu'elle est dirigée contre des lieux habités; à l'aurore, quand il s'agit de surprendre une caravane ou des troupes ennemies. En général, elle a, comme chez les Huns et les Tatars, ce caractère spécial d'une surprise : les assaillants se partagent en plusieurs bandes et se précipitent sur leurs adversaires avant que leur approche ait pu être remarquée. Les charges se renouvellent toujours deux, rarement trois fois, car il y a un proverbe turcoman qui dit : « *Iki deng utchdé dœng* », c'est-à-dire, essaye deux fois, mais tourne bride la troisième. Il faut que l'attaqué soit très-résolu ou se sente très-fort pour résister à un semblable choc : les Persans en sont rarement capables et les Turcomans luttent souvent contre eux avec avantage dans la proportion d'un contre cinq : on a vu parfois un seul nomade faire parmi eux cinq prisonniers; dans certains cas, les Persans, épouvantés, jettent leurs armes, demandent des cordes, se lient les uns les autres, et les Turcomans n'ont à descendre de cheval que pour attacher le dernier. C'est du moins ce que j'ai entendu raconter à Gœmuchtépé, et pourtant combien plus tard les vaincus payent cher leur lâcheté à l'heure du combat! Ceux qui se sont rendus à merci sont attachés, les mains liées, sur la selle d'un cavalier, ou chassés devant lui à coups de fouet, ou noués à la queue de son cheval, et on leur fait faire ainsi des voyages de plusieurs jours. Arrivés au campement des vainqueurs, les captifs sont chargés de chaînes pesantes et soumis à l'esclavage le plus dur; leurs souffrances, quand elles ne sont pas abrégées par la mort, se prolongent jusqu'à ce que quelqu'un des leurs les ait rachetés, ou jusqu'à ce qu'on les ait vendus à Khiwa ou à Boukhara, où ils sont un peu moins maltraités. J'ai été témoin à Gœmuchtépé du retour d'un alaman, et je n'oublierai de ma vie les scènes auxquelles j'assistai. L'expédition avait été fructueuse : on ramenait une foule de prisonniers, de chevaux, d'ânes, de bêtes à cornes et une quantité d'objets divers. Pour procéder au partage du butin, on fit autant de lots qu'il y avait eu de combattants, en laissant au milieu de la place un certain nombre d'objets indivis. Les brigands allèrent chacun examiner le lot qui leur était assigné : le premier se déclara satisfait, le second de même, le troisième examina les dents de la Persane qui lui était tombée en partage et fit observer que son lot n'avait pas la valeur requise. Le chef de l'expédition choisit alors dans le lot resté indivis un petit âne et le plaça à côté de la pauvre femme; on évalua ensemble les deux créatures et le Turcoman dut se contenter de sa part. La même scène se reproduisit plusieurs fois, et, quoique révolté de cette manière inhumaine de procéder, je ne pus m'empêcher quelquefois d'être frappé des singuliers rapprochements qui en résultaient.

Ce qui donne aux Turcomans tant de supériorité dans leurs expéditions, c'est l'excellence de leurs chevaux. Ces animaux ont une vigueur, une dureté et une vitesse incroyables; aussi leurs maîtres les soignent-ils littéralement avec plus d'amour que leurs femmes et leurs enfants. Il est intéressant de voir avec quelle sollicitude ils les élèvent, comme ils savent les protéger contre le chaud et le froid, quel luxe ils déploient dans le harnachement : on est souvent tout étonné de rencontrer un nomade en lambeaux sur un cheval sellé et bridé avec la plus grande élégance.

Après un séjour de quinze jours à Gœmuchtépé, je commençai à en être plus fatigué que je ne saurais le dire, et je ne pouvais m'empêcher de jeter un coup d'œil de regret sur les montagnes de la Perse qui se profilaient à l'horizon. A vol d'oiseau, j'étais à quelques heures à peine du pays que je venais de quitter, et les mœurs, les usages, les idées des Turcomans étaient si essentiellement différents qu'on se fût cru à mille lieues. La religion et l'histoire exercent sur l'homme une influence étonnante! Peut-on se figurer que, pendant tout le temps que nous avons passé au milieu d'eux, ces Turcomans, si barbares, si inhumains dans toute leur vie externe, aient organisé à tout propos et hors de propos des *Lillah*, c'est-à-dire des festins à destination pieuse, auxquels toute la bande des Hadjis était conviée? Ces invitations se reproduisant fréquemment trois et quatre fois dans la même journée, j'aurais eu souvent bonne envie de les décliner; mais, conformément aux règles de la civilité turcomane, l'amphitryon me poussait hors de ma tente à grands coups d'épaule. Pour ces solennités gastronomiques, le maître de la maison étendait devant sa tente des pièces de feutre ou, quand il voulait faire du luxe, des tapis, sur lesquels la société s'accroupissait par petits groupes de cinq ou six personnes. Au milieu de chaque groupe, on plaçait une grande écuelle de bois, remplie en raison de l'âge et du nombre des convives, et dans laquelle chacun puisait avec la main jusqu'à ce que tout fût consommé. Je ne pense pas que la qualité des mets et la manière de les apprêter puissent beaucoup intéresser des gastronomes européens; je me bornerai à dire qu'on nous servait surtout de la viande de cheval ou de chameau. Les Turcomans les plus riches en sont encore aux rudiments en fait de bien-être : j'en ai connu beaucoup qui ne se nourrissaient tout le long de l'année que de poisson sec et de pain cuit une fois par semaine.

Tandis que je demeurais chez lui, Khandchan fiança son fils de 12 ans avec une petite fille de 10 : cet événement fut l'occasion de réjouissances auxquelles nous fûmes naturellement appelés à nous associer. Quand nous entrâmes dans la tente de la future, nous la trouvâmes occupée à tisser un châle; elle fit semblant de ne pas nous voir, et pendant les deux heures que nous passâmes à trois pas d'elle, je ne la surpris qu'une fois jetant sur nous un regard dérobé. Pendant le repas, qui, en mon honneur, consista en riz au lait, Khandchan fit observer que proprement la cérémonie n'aurait dû avoir lieu qu'en automne, mais qu'il avait tenu à profiter de notre présence afin d'avoir nos bénédictions.

La cérémonie même du mariage est accompagnée chez les Turcomans de toute sorte de formalités inconnues des autres peuples de l'Asie centrale. Ainsi, il est d'usage que la fiancée, enveloppée de la tête aux pieds dans un grand voile ou une pièce de soie, se livre, avec son futur, à une course à cheval, et il n'est pas rare que l'amazone, tout embarrassée qu'elle soit par son costume, arrive au but avant son concurrent. Parfois la fiancée tient devant elle un mouton ou une chèvre égorgée, le futur et ses amis se lancent à sa poursuite, et elle doit, au grandissime galop, s'arranger de manière qu'aucun des cavaliers ne s'approche assez d'elle pour lui arracher le petit animal. Deux ou quatre jours après la cérémonie, on sépare les nouveaux époux, et ce n'est qu'au bout d'un an que commence en réalité la vie en commun.

Puisque je parle des usages des Turcomans, je ne veux pas omettre de dire quelles sont leurs cérémonies en cas de décès. Il est de règle que pendant un an, tous les jours sans exception, des pleureuses viennent dans la

IV, p. 80.

FIANÇAILLES CHEZ LES TURCOMANS.

tente du défunt, à l'heure précise où il a expiré, et y entonnent des chants funèbres auxquels toute la famille prend part. Comme les parents aux divers degrés s'acquittent de ce devoir, sans interrompre pour cela leurs occupations journalières, il est assez plaisant de voir un Turcoman pousser les hurlements les plus lamentables, tout en nettoyant ses armes, en fumant sa pipe ou en prenant son repas. En général, les femmes qui se trouvent dans le voisinage de la tente ne manquent pas de joindre leurs voix à celles des hommes, et crient ou pleurent à fendre l'âme, tandis qu'elles nettoient de la laine, qu'elles filent ou qu'elles vaquent à quelque autre occupation domestique. Les amis et les connaissances du défunt ont aussi l'obligation de faire une visite de condoléance, lors même qu'ils n'ont appris le décès qu'au bout de plusieurs mois. Le visiteur s'assied devant la tente du défunt, quelquefois en pleine nuit, pousse pendant un quart d'heure des cris de douleur et témoigne par là qu'il a rempli ses devoirs envers le mort.

Quand c'est un chef influent qui a succombé, on élève sur sa tombe un monticule, nommé *Joska*, pour lequel tout bon Turcoman doit au moins sept pelletées de terre. Aussi voit-on souvent de ces monticules qui ont 20 ou 25 mètres de tour et 8 ou 10 d'élévation. Dans les grandes plaines du pays, on les aperçoit de loin, et il n'est pas un habitant qui ne sache en l'honneur de qui ils ont été élevés. Cet usage, qui existait aussi chez les anciens Huns, est encore en vigueur en Hongrie.

Après plus de trois semaines d'arrêt à Gœmuchtépé, l'hospitalier Khandchan consentit, enfin, à nous aider dans nos préparatifs de départ. Nos moyens ne nous auraient pas permis d'acheter des chameaux, mais nous résolûmes d'en louer un, par deux voyageurs, pour transporter tant notre eau et notre farine que nos propres personnes. Ce projet se trouva facilité par la circonstance qu'un individu de Khiwa, nommé Ilias Bay, qui faisait chaque année un voyage de commerce entre cette ville et la mer Caspienne, était sur le point de retourner chez lui, emmenant quelques chameaux de plus qu'il ne lui en fallait pour ses marchandises, et que la minime location que nous étions en mesure de lui offrir était pour lui de l'argent tout trouvé. Grâce à la médiation de Khandchan, dont Ilias était le protégé, le marché fut conclu au prix de 2 ducats par chameau.

A ce taux, le petit capital que j'avais cousu dans mes haillons et qu'avaient encore grossi les fruits de mon pieux métier de derviche, m'aurait mis en état de louer un chameau à moi tout seul, si Bilal et Salil ne me l'avaient méconseillé, en me disant que, parmi les nomades, un extérieur misérable est le meilleur des préservatifs; qu'il suffit de la moindre apparence de commodité pour mettre leur avidité en éveil, et que, précisément pour ce motif, plusieurs de nos compagnons, fort aisés, se résignaient à voyager à pied et vêtus de lambeaux. Je compris la justesse de l'observation et je me bornai à demander que l'on mît sur le chameau dont je serais locataire par moitié, au lieu d'une selle ordinaire, qui m'aurait extrêmement fatigué à la longue avec ma jambe percluse, un *kedjévé,* c'est-à-dire une paire de paniers de bois pendants de chaque côté de l'animal. Cet arrangement, contre lequel Ilias regimba d'abord un peu dans l'intérêt de son chameau, me promettait non-seulement un peu de sommeil pendant nos longs voyages de nuit, mais encore la société de mon ami Hadji-Bilal, qui devait me servir de vis-à-vis, ou, comme on le dit plus justement en parlant de *kedjévés,* de contre-poids.

Toutes nos conventions bien débattues, nous payâmes, selon l'usage, la location d'avance, Bilal prononça une bénédiction, Ilias caressa avec componction les quelques poils de sa barbe, et, à partir de ce moment, nous pûmes être parfaitement tranquilles.

Quelques jours après, à midi, notre caravane quittait Gœmuchtépé, escortée par Khandchan et nos autres amis, qui, selon l'usage des nomades, nous firent la conduite pendant une heure. Je n'étonnerai personne en disant que je ne me séparai pas sans un serrement de cœur de mon excellent hôte, car au regret de ne pouvoir jamais lui rendre le bien qu'il m'avait fait se joignait la douleur d'avoir dû l'induire en erreur par le masque de derviche dont j'étais contraint de me couvrir.

III.

Boukhara, capitale de la Grande-Boukharie.

Nous fûmes obligés de passer la nuit à Chakemir (village de 200 maisons situé à deux lieues de Boukhara), afin que, conformément aux lois du pays, le *badchgir* (douanier) et le *vakanuvis* (rapporteur, inspecteur de police), avertis de notre arrivée, pussent visiter notre bagage et nous faire subir notre interrogatoire. On envoya le même soir un exprès en ville, et dès le grand matin, nous vîmes arriver trois personnages dont les airs d'importance et la dignité bureaucratique indiquaient suffisamment les fonctions. C'étaient trois officiers de l'émir, chargés de percevoir les droits et de prendre des renseignements sur nous et sur les pays que nous venions de traverser. On commença par le bagage. Les hadjis avaient dans leurs valises des rosaires de la Mecque, des dattes de Médine, des peignes de Bagdad, des plumes de Perse et de menus objets de quincaillerie des pays de l'Occident : des couteaux, des ciseaux, des dés à coudre, de petits miroirs, etc. Bien qu'ils soutinssent que jamais l'émir de Boukhara ne prélevait de droits sur les hadjis, le douanier ne se laissa pas détourner de l'accomplissement de son office et chaque objet fut minutieusement enregistré. Moi et deux autres mendiants nous nous trouvâmes les derniers. Lorsqu'il m'eut dévisagé, il se mit à rire et m'invita à lui montrer ma malle, disant que nous autres (c'est-à-dire, dans sa pensée, les Européens), nous avions toujours de belles choses dans notre bagage. J'étais par hasard de fort bonne humeur à ce moment-là ; j'avais sur la tête mon bonnet pointu de derviche, et j'interrompis le madré Boukhariote en lui demandant ce qu'il souhaitait voir d'abord de mes biens meubles ou immeubles. Sur sa réponse qu'il voulait tout voir, je courus dans la cour, cherchai mon âne et, l'amenant pardessus les tapis et les escaliers jusque dans la chambre, je le présentai au douanier, au milieu des éclats de rire de tous mes collègues. Puis j'ouvris ma valise et exhibai les quelques haillons et les vieux bouquins que je m'étais procurés à Khiwa. Le Boukhariote, tout surpris, se retourna vers les assistants pour leur demander si donc je n'avais pas autre chose. Hadji-Salih lui donna les explications nécessaires sur ma position, mon caractère et le but de mon voyage; le fonctionnaire prit note du tout et me regarda encore en secouant la tête d'un air significatif.

Après, ce fut le tour du *vakanuvis*.

Celui-ci commença par prendre exactement notre signalement, puis il nous questionna sur ce que nous pouvions savoir de nouveau. Je ne pus m'empêcher de sourire, en entendant porter surtout cet interrogatoire sur le khanat de Khiwa, c'est-à-dire sur un pays lié à la Boukharie par la triple communauté de la langue, de la race et de la religion, pendant des siècles son voisin immédiat, et ayant une capitale distante de Boukhara d'à peine quelques jours de marche.

Quand le *vakanuvis* eut fini, une discussion s'éleva entre mes compagnons et les agents de l'émir, au sujet de l'endroit où nous devions prendre nos quartiers. Le douanier prétendait nous faire descendre à la douane, où il aurait sans doute pu nous extorquer encore quelques redevances; mais Hadji-Salih, qui jouissait à Boukhara d'une grande influence et qui avait pris, en conséquence, la dirèction de nos affaires, insista pour que nous allassions au *Tekkié,* c'est-à-dire dans la demeure spécialement réservée aux ministres de la religion.

Peu après, nous quittâmes Chakemir, et nous n'avions guère fait qu'une demi-lieue entre des jardins et des champs où la végétation était luxuriante, lorsque *Boukhara chérif,* «la noble Boukhara», ainsi que l'appellent les gens du pays, apparut à nos yeux, avec ses lourdes tours uniformément couronnées de nids de cigognes[1].

Au lieu d'entrer directement en ville par la porte Imam, nous contournâmes pendant quelque temps à l'extérieur ses murailles crevassées, et nous fîmes notre entrée par la porte Mesar, afin de pouvoir gagner le Tekkié sans traverser le bazar.

Le Tekkié de Boukhara forme un carré régulier, renfermant 48 cellules au rez-de-chaussée et dont le milieu est planté de beaux arbres. Au moment où j'y arrivai, il avait pour *khalfa*, pour chef, un petit-fils du vénérable khalfa Hussein, qui a donné son nom à la maison. Ce qui prouve de quelle estime jouissait encore sa famille, c'est que ce même petit-fils était *Imam* et *chatib* (aumônier) de l'émir : je n'étais pas fâché, quant à moi, de me trouver l'hôte d'un personnage ayant une position officielle de cette importance. Hadji-

1. Tandis que Khiwa a beaucoup de rossignols et point de cigognes, Boukhara a une quantité énorme de ces hôtes aux longs pieds; de sorte que les habitants de Khiwa se moquent des Boukhariotes en disant : « Pour vous le chant des rossignols, c'est le craquètement des cigognes. »

Salih, qui avait été le disciple du grand Hussein et qui était considéré par là même comme un membre de la famille, s'empressa de me présenter au khalfa; c'était un homme de bonnes manières et d'un extérieur agréable, que son turban blanc et ses vêtements de soie habillaient à merveille. Il me reçut fort bien, et quand je me fus entretenu avec lui pendant une demi-heure en des termes volontairement ampoulés, l'excellent homme se montra si enchanté qu'il voulut bien m'exprimer son regret de ne pouvoir immédiatement m'introduire auprès de l'émir, Sa Majesté étant absente de sa capitale.

En attendant, il me fit donner une tente séparée, à la place d'honneur, tout près de la mosquée, avec mon ami Hadji-Salih à ma gauche et un très-savant Mollah à ma droite. Au reste, toute la cour était remplie de célébrités, et sans m'en douter, j'étais tombé dans le principal foyer du fanatisme musulman à Boukhara : le lieu à lui seul, pour peu que je m'y accommodasse, me donnait la meilleure de toutes les garanties contre les suspicions de l'autorité civile.

Le vakanuvis avait mentionné mon arrivée comme un événement important, de sorte que Rahmet-Bi, qui commandait à Boukhara pendant la campagne de l'émir contre Chokand, s'empressa de questionner, dès le même jour, les hadjis sur mon compte. Mais l'émir n'ayant aucune autorité sur le Tekkié, on avait fait si peu de cas de cette enquête qu'on avait même jugé superflu de m'en informer. Mes amis se bornaient à répondre à qui les interrogeait : « Hadji-Reschid est non-seulement un bon musulman, mais encore un savant Mollah, et c'est se rendre coupable d'un péché mortel que de le suspecter. » Néanmoins ils ne manquèrent pas de m'indiquer au jour le jour ce que j'avais à faire ; et je puis bien le dire, s'il ne m'est arrivé à Boukhara aucun malheur, si je n'y ai pas eu le sort funeste de mes prédécesseurs, c'est aux excellents conseils et à la fidèle amitié de mes compagnons que je le dois, car il n'y a peut-être pas de ville au monde où l'espionnage soit aussi bien organisé par le gouvernement et la population aussi profondément corrompue.

Le lendemain matin j'allai, en compagnie de Hadji-Salih et de quatre autres de nos amis, visiter la ville et les bazars. Sans doute, comparée au point de vue de ses rues et de ses maisons avec la plus misérable ville de Perse, « la noble Boukhara », noyée sous un pied de poussière, fait une assez pauvre figure ; son bazar est bien loin d'avoir la beauté, l'éclat ou les dimensions grandioses de ceux de Téhéran, de Tébris ou d'Ispahan. Toutefois, la première fois que je m'y promenai, je fus très-frappé par l'extrême bigarrure de la foule qui s'y pressait. La masse des gens que l'on rencontre a le type iranien ; les uns portent un turban blanc, ce sont les Mollahs ; les autres, un turban bleu assez élégant, coiffure commune aux marchands, aux ouvriers et aux gens de service. Ensuite, le type tatar est représenté par un grand nombre de ses variétés, depuis l'Oesbeg jusqu'au Kirghise à demi barbare ; au reste, sans même voir la figure, on peut distinguer le Touranien de l'Iranien, rien qu'à son pas lourd et ferme. Au milieu des représentants de ces deux grandes races de l'Asie centrale, on coudoie encore quelques Indiens ou *Moultani*, ainsi qu'on les nomme ici, et des Juifs, reconnaissables à une espèce de bonnet polonais et à la corde qui leur ceint les reins. L'Indien, avec sa marque rouge au front et sa vilaine figure de safran, ferait un excellent épouvantail pour un champ de riz. Quant au Juif, qui a conservé à Boukhara sa coupe de figure magistrale et ses superbes yeux, il est là comme ailleurs un vrai modèle de beauté masculine. N'oublions pas de mentionner les Turcomans aux fières allures et au regard de feu, et quelques Afghans, qui, avec leurs longues chemises sales et leurs cheveux pendants, me rappelaient involontairement les malheureux qu'un incendie chasse de nuit hors de leurs maisons.

J'eus naturellement soin, pendant toute cette promenade, de me tenir collé à mes compagnons et je ne jetai qu'un regard fugitif sur les boutiques, garnies de quelques marchandises anglaises et surtout de marchandises russes, arrivées par la voie d'Orenbourg. Tout cela ne peut avoir pour un voyageur européen d'autre intérêt que de lui rappeler la patrie absente. Encore devais-je prendre garde de ne pas me trahir en lisant sur les pièces d'étoffe des étiquettes de Manchester ou de Birmingham.

J'étais, je l'avoue, beaucoup plus curieux de voir, dans le bazar, l'endroit où sont exposés les produits de l'industrie indigène : c'étaient des étoffes de coton rayées, de deux couleurs, des tissus de soie, depuis la gaze la plus transparente jusqu'aux plus lourds damas, et surtout toute sorte d'ouvrages en cuir; ceinturiers et cordonniers sont également renommés, et l'on dirait que c'est de Boukhara qu'a été importée chez nos élégantes la mode des hauts talons pointus. Je parcourus aussi avec plaisir le bazar des tailleurs, où s'étalent mille vêtements aux couleurs claires, aux reflets chatoyants, aux longs plis soyeux: les Orientaux, qu'on ne retrouve guère que là dans leur originalité native, sont loin de redouter dans leur toilette les nuances voyantes, et il était plaisant de contempler les acheteurs se promenant en long et en large devant la boutique revêtus de la robe qu'ils marchandaient et s'assurant si le ton en était assez vif. Tout ce qui est exposé là en vente est d'industrie indigène et à fort bon marché; de sorte que Boukhara a le privilége de fournir de vêtements élégants tous les musulmans jusque fort avant dans la Tatarie chinoise. Les Kirghises, les Kiptchaques, les Kalmoucks eux-mêmes ne dédaignent pas de quitter leurs steppes pour faire une pointe à Boukhara; et le barbare Tatar, avec ses yeux obliques et son menton proéminent, rit de plaisir au moment où il change son grossier vêtement en peau de cheval contre un léger *iktey* ou vêtement d'été à la mode boukhariote: Boukhara est pour lui la plus haute expression de la civilisation, c'est son Paris ou son Londres.

Après une promenade de près de trois heures, je priai mon aimable guide Hadji-Salih de m'accorder quelque repos dans un lieu de rafraîchissement, et il me conduisit, à travers le bazar du thé, à la célèbre place *Lebi Haus Divanbegi,* c'est-à-dire, les bords de l'étang de Divanbeg, que pour Boukhara je trouvai des plus agréables. C'est un vaste carré au milieu duquel il y a un étang long de cent pieds et large de quatre-vingts, auquel on peut descendre, tout à l'entour, par un escalier de pierre de huit marches. Sur les bords, à l'ombre de beaux ormes, se dressent des boutiques de marchands de thé avec de colossales *samovars*, fabriquées en Russie tout exprès pour Boukhara. Sur trois des côtés de la place, on vend, sur de petits tréteaux à peine garantis du soleil par une natte, des sucreries, du pain, des fruits et toute sorte de mets chauds ou froids; une foule affamée bourdonne incessamment autour de ces étalages improvisés. Sur le quatrième côté, en forme de terrasse, s'élève la mosquée de Divanbeg; les arbres plantés devant la façade sont le rendez-vous ordinaire des derviches et des *meddahs* (narrateurs), qui racontent en vers ou en prose, avec force gestes, l'histoire héroïque de guerriers ou de prophètes célèbres, et qui groupent toujours autour d'eux un grand nombre d'auditeurs et de curieux. Lorsque j'arrivai sous les arbres, le hasard voulut que j'assistasse au défilé hebdomadaire d'une quinzaine de derviches de l'ordre des *Nakichbendi*, qui a là son berceau et son chef-lieu. Je n'oublierai de ma vie ces quelques hommes, au visage extatique, aux longs bonnets coniques, aux cheveux flottants, qui bondissaient de côté et d'autre en brandissant leurs bâtons comme des possédés et en beuglant en chœur un hymne dont leur chef à barbe grise leur chantait d'abord chaque strophe.

Mes yeux et mes oreilles étaient si occupés que je n'avais pas tardé à oublier ma lassitude. Il fallut que mon ami me fît entrer presque de force dans un débit de thé. Quand le liquide fut versé : « Eh bien, comment te plaît Boukhara la noble? » me demanda-t-il, profitant habilement de la surprise que m'avait fait éprouver notre promenade. — « Beaucoup, beaucoup, » répondis-je, et bien que mon interlocuteur fût de Chokand, ville alors en guerre avec Boukhara, je vis son visage s'illuminer d'orgueil : il était très-flatté de l'impression favorable que faisait sur moi la métropole de l'Asie centrale: « Et pourtant répliqua-t-il, ce n'est que demain que tu verras ce qu'il y a de plus beau ici. »

Malgré le costume boukhariote que j'avais adopté et un teint tellement bronzé par le soleil que ma mère elle-même ne m'aurait pas reconnu, j'étais entouré, partout où je me montrais, d'une bande de curieux qui m'ennuyaient extrêmement avec leurs perpétuelles poignées de main et leurs embrassements. Mais comme mon immense turban blanc et le grand coran qui pendait à mon côté me donnaient l'air d'un ichan ou d'un cheik, il fallait bien que je prisse ces importunités en patience. La sainteté de mon caractère avait d'ailleurs son bon côté, elle me mettait à l'abri de toute question indiscrète; et j'entendais au contraire les gens interroger mes compagnons sur mon compte et se communiquer ensuite à voix basse des réflexions dans le genre de celles-ci: « Quel degré de piété ne faut-il pas pour venir de Constantinople jusqu'ici, uniquement afin de visiter notre Baha-ed-din? » (Baha-ed-din est un ascète du quinzième siècle, qui fonda l'ordre des *Nakichbendi* et qui est encore, dans tout le monde musulman, l'objet d'une vénération extraordinaire.) «Oui, disait un autre, nous allons aussi à la ville sainte au prix des plus grandes fatigues; mais ces gens-là (me désignant) n'ont pas autre chose à faire : toute leur vie n'est que prière, exercices pieux et pèlerinages.» — « Bravo, me disais-je en moi-même, tu as parfaitement deviné,» et je me félicitais que mon incognito fût aussi bien gardé. Bien que les Boukhariotes soient rusés et méchants, jamais, pendant toute la durée de mon séjour, je ne leur fus le moins du monde suspect. On venait me demander ma bénédiction; on m'écoutait lorsque, sur les places publiques, je lisais à haute voix l'histoire du grand cheik de Bagdad, Abdoul-Kader-Gilani; on me comblait d'éloges; mais, je dois l'ajouter, jamais personne ne me donna la moindre bagatelle; la feinte dévotion de ce peuple était bien loin de la piété sincère et de la générosité des Oesbegs de Khiwa.

Je n'eus pas tout à fait aussi beau jeu avec

le gouvernement qu'avec le peuple. Rahmet-Bi, — le remplaçant intérimaire de l'émir, — qui officiellement n'avait aucune prise sur moi, ne cessait de mettre des espions à mes trousses, dans l'espoir que je me trahirais par quelque remarque ou quelque geste. Quand ils virent qu'ils n'arrivaient à rien, les émissaires se mirent à me parler de l'ardent désir que les *Frengis* (les nations de l'Europe) avaient de s'insinuer à Boukhara, et des peines sévères qui avaient atteint, assez récemment, deux de leurs espions, Kœnœlly et Istodder Sahib (les deux voyageurs anglais Konolly et Stoddard, mis à mort par l'émir). Ou bien on me racontait que, très-peu de jours avant mon arrivée, on avait arrêté des *Frengis* (c'étaient quelques malheureux Italiens), porteurs de nombreuses caisses de thé poudré de diamant, avec lequel ils comptaient empoisonner la population de Boukhara, etc. La plupart de ces émissaires étaient des hadjis qui avaient vécu plus ou moins longtemps à Constantinople et voulaient mettre à l'épreuve ma connaissance de la langue, des hommes et des choses de la capitale. Après les avoir écoutés patiemment pendant quelque temps, j'avais l'habitude de jouer le dégoûté et de les prier de vouloir bien m'épargner une plus longue conversation sur les Frengis: « J'avais quitté Constantinople, leur disais-je, pour échapper à ces Frengis, à qui le diable a enlevé l'intelligence. Maintenant que j'étais, grâce à Dieu, dans la noble Boukhara, je ne me souciais pas de me rendre la vie amère en reportant mes souvenirs sur eux. » Je donnai une réponse analogue au Mollah Chéref-ed-din, chef des libraires, qui me montrait une liste de livres laissée chez lui quelques années auparavant par un diplomate russe, ainsi que divers papiers anglais et italiens: « Allah soit loué, dis-je en jetant un regard de dédain sur ces objets, ma mémoire n'est pas encore souillée par la science et les livres des Frengis, comme c'est, hélas! le cas pour beaucoup de Turcs de Constantinople. »

Lorsque Rahmet-Bi vit qu'il n'obtenait par ces émissaires aucun renseignement sur mon compte, il me fit appeler chez lui, naturellement sous la forme polie d'une invitation à un pilau, auquel assistait tout un cercle de Mollahs et d'oulémas boukhariotes. Dès mon entrée, je m'aperçus que j'allais avoir une tâche difficile à remplir et que mon incognito serait passé au creuset. Aussi, pour n'être pas pris à l'improviste par une question captieuse, je jouai le rôle d'un homme désireux de s'instruire, et j'adressai moi-même diverses questions aux dignitaires présents sur les différences qui existent, au point de vue religieux, entre le *Fars*, le *Sunnet*, le *Vadchib* et le *Moustahab;* ce sont quatre espèces distinctes de préceptes, dont les deux premières ont force de loi pour tout bon musulman, tandis que les autres, postérieures au Coran et émanant de ses commentateurs, peuvent être admises ou rejetées au gré de chacun. Mon zèle plut à l'honorable assemblée; bientôt une discussion très-vive s'éleva entre les oulémas au sujet de plusieurs points traités dans le Hidajet, le Cherki vékayé et autres ouvrages de théologie. Je ne me mêlai à l'entretien que fort prudemment, mais je ne manquai pas de vanter très-haut la supériorité des Mollahs de Boukhara, non-seulement sur moi, mais encore sur tous les oulémas de Constantinople. Bref, je me tirai d'embarras. Les très-savants Mollahs devant qui j'avais eu l'honneur de me trouver donnèrent à entendre à Rahmet-Bi, en paroles et par signes, que son rapporteur s'était trompé lourdement et que, si je n'étais pas encore un grand mollah, j'étais cependant en voie d'être éclairé de la lumière de la vraie science.

Après cette séance, je vécus à Boukhara assez tranquillement. Le matin, je m'acquittais des devoirs multiples que m'imposait mon caractère de derviche. Puis j'allais me promener dans le bazar des livres, qui, dans ses 26 boutiques, renfermait une foule de manuscrits d'un haut intérêt philologique ou historique, mais où malheureusement l'exiguïté de mes ressources et le soin de mon incognito ne me permirent pas d'acheter tout ce que j'aurais désiré ! Du bazar, je me rendais ordinairement au Rigistan, place boisée avec une pièce d'eau au centre, moins belle que le Lebi Haus que j'ai décrit précédemment, mais plus fréquentée. On apercevait de là la sombre citadelle qui sert de résidence à l'émir. Parmi les débits et magasins de thé qui se trouvaient sous les arbres du Rigistan, je fréquentais le plus volontiers la boutique d'un Chinois de Komoul, qui parlait parfaitement le dialecte turc-tatar et passait ici pour musulman. Le brave homme s'était pris d'amitié pour moi et se plaisait à me raconter toute sorte de particularités sur la configuration, les mœurs et les mets de son pays. Spécialement versé dans le commerce du thé, il s'animait tout à fait quand il arrivait à parler de cet arbuste qui porte des feuilles de tant de goûts différents : il avait dans sa boutique seize espèces de thé vert qu'il distinguait rien qu'au toucher ; la plus fine était le thé *lonka*, dont une seule feuille suffit pour faire deux tasses de la dimension des nôtres. Les thés noirs sont beaucoup moins estimés que les verts dans le nord de la Chine et dans l'Asie centrale.

Préparé à ce qui m'entourait par les longues descriptions que, depuis Téhéran, mes compagnons m'avaient faites de leur patrie, je me trouvais au bout de huit jours à Boukhara comme chez moi. Aussi, après avoir été d'abord introduit partout par Hadji-Salih, continuai-je peu à peu tout seul mes promenades dans les rues de la ville et dans les bazars, ne me joignant guère à mes compagnons de route que quand nous étions invités ensemble chez quelque Chinois établi ici. Dans ces cas-là, on nous régalait généralement de mets nationaux, qui avaient pour mes amis d'autant plus d'attrait qu'ils en étaient privés depuis plus longtemps; je citerai surtout une espèce de pâté de viande hachée, cuit à la vapeur, qui ne manquait en vérité ni de goût ni de délicatesse.

Pendant tout mon séjour à Boukhara, le temps fut excessivement chaud, et j'en souffris d'autant plus que, pour me préserver des petits vers (*filaria medinensis*) qui s'y logent très-fréquemment sous la peau, je m'astreignais à ne boire que de l'eau chaude ou du thé. Cette affection des vers, très-douloureuse et très-commune à Boukhara, provient surtout de la mauvaise qualité de l'eau. La ville tire son eau du Serefchan, qui coule au nord-ouest, mais dont le lit est plus bas que la ville et qui, surtout en été, ne peut la pourvoir que parcimonieusement. L'eau arrive tous les huit ou quinze jours par un canal creusé assez profondément, mais mal entretenu au point de vue de la propreté : aussi n'est-elle pas d'une limpidité parfaite au moment où elle pénètre dans Boukhara ; de plus toute la population se précipite dans les canaux et les réservoirs pour se baigner ; aux hommes succèdent les chevaux, les vaches, les ânes et même les chiens. Ce n'est qu'après cette longue opération qu'on laisse à l'eau le temps de déposer ce qu'elle contient de boue et d'impuretés de toute espèce. Elle devient alors limpide, mais elle a dissous tous les miasmes et tous les principes solubles ; de sorte qu'elle est une cause permanente de maladies. Il est bizarre qu'on se contente d'un pareil service d'eaux dans « la noble Boukhara », dans la ville qui a la prétention d'être le principal foyer d'une religion qui fait de la propreté une vertu cardinale.

Après dix-huit jours passés à Boukhara, dans un bien-être relatif, mes compagnons, qui tenaient à regagner leurs foyers avant l'hiver, désirèrent que nous nous remissions en route, et, après mûre délibération, je me décidai à les suivre jusqu'à Samarcande.

IV.

Le Djouf[1].

Désireux de sortir le plus promptement possible des steppes désolées et dépourvues d'eau que nous parcourions depuis plusieurs jours, nous reprîmes notre route dès l'aube. Le guide nous avait fait espérer que nous

---

1. Cet article est le résumé d'un chapitre du voyage de W. G. Palgrave en Arabie (*Une Année de voyage dans l'Arabie centrale*, 1862-1863, trad. Jonveaux, 2 vol. in-8°; Hachette, 1866). Il y a peu de relations de voyage plus neuves, plus instructives et plus captivantes, d'un bout à l'autre, que celle dont nous donnons ici un court extrait. M. Palgrave, accompagné d'un jeune Syrien, partit de Maan, au nord-est de la mer Rouge, et traversa toute l'Arabie en diagonale jusqu'à l'Oman et au golfe Persique. Le *Djouf* est le premier des districts habités de l'Arabie centrale qu'il rencontra sur sa route. C'est une oasis d'une centaine de kilomètres de longueur sur quinze ou vingt de large, située entre le désert septentrional, qui la sépare de l'Euphrate et de la Syrie, et le Néfoud méridional, autre désert immense qui s'étend jusqu'aux premiers contre-forts du plateau central, c'est-à-dire jusqu'au Djébel-Chomer.

atteindrions le Djouf avant que le milieu du jour fît sentir sa chaleur dévorante; malheureusement nous avions encore une longue route à parcourir et nous étions obligés à des détours continuels au milieu des collines et des rocs basaltiques.

Après une marche de plusieurs heures, nous atteignîmes enfin un hameau entouré de cultures bien entretenues; c'était le petit village de Djoun, premier groupe d'habitations de la province de Djouf.

Nous venions de le dépasser et nous suivions un long et étroit défilé encaissé dans des rochers à pic, lorsque tout à coup plusieurs cavaliers se montrèrent sur une crête voisine. L'un d'eux, beau jeune homme aux longs cheveux bouclés, à l'attitude martiale, enjoignit au guide de s'arrêter pour lui dire qui nous étions. Souleyman s'approcha humblement, car le Bédouin a conscience de son infériorité en présence de l'habitant des villes, et son attitude, quand il s'adresse à son compatriote plus civilisé, ressemble passablement à celle d'un chien qui craint d'être battu par son maître. Les explications timides du guide donnèrent lieu à une conversation assez animée entre les nouveaux venus; puis, celui qui avait pris la parole le premier, se tournant vers nous : « C'est bien, nous dit-il, n'ayez aucune crainte. » Il tourna bride aussitôt et disparut avec ses compagnons.

Cependant nos chameaux, exténués, trébuchaient à chaque pas; la chaleur était intolérable dans ces gorges profondes; midi approchait. A la sortie du défilé, nous nous trouvâmes en face d'un amas d'énormes rochers qui fermaient de tous côtés l'horizon; nos outres étaient vides, et nous n'avions rien mangé depuis le matin.

Quand donc arriverions-nous au Djouf? s'était-il évanoui comme un mirage trompeur?

Enfin, après avoir dépassé un gigantesque roc basaltique, nous aperçûmes tout à coup une scène nouvelle et splendide. Une large vallée, couverte de palmiers touffus et de groupes d'arbres fruitiers; au milieu de cette oasis, une colline surmontée de constructions irrégulières; plus loin, une haute tour semblable à un donjon féodal, et au-dessous de petites tourelles, des maisons aux toits en terrasse noyées dans le feuillage des jardins, le tout illuminé par le soleil de l'Orient, tel est l'aspect sous lequel le Djouf se présentait à nos regards émerveillés.

Ranimés et joyeux, nous pressâmes nos montures et nous descendions déjà les premières pentes rocheuses de la vallée, quand deux hommes, richement vêtus et montés sur de superbes chevaux, nous abordèrent en nous saluant d'un cordial *Marhaba* (soyez les bienvenus), et sans autre préambule nous invitèrent à mettre pied à terre et à manger. Donnant eux-mêmes l'exemple, ils sautèrent légèrement à bas de leurs montures aux jambes fines et nerveuses; puis ils placèrent devant nous un grand sac de cuir rempli de dattes, une outre pleine d'une excellente eau et ajoutèrent: « Nous savions que vous deviez avoir faim et soif; aussi nous sommes-nous munis de provisions. »

Nous mourions en effet de faim et de soif;

IV, p. 112.

L'HOSPITALITÉ ARABE.

les dattes, fraîchement cueillies, étaient délicieuses, car le Djouf jouit à cet égard d'une réputation méritée; l'eau venait d'être puisée à une source pure et limpide, qualité précieuse pour des gens qui depuis plusieurs jours n'avaient rencontré que les puits infects du désert. Nos nouveaux amis n'eurent donc pas besoin de réitérer leur invitation; nous étions aussitôt descendus de nos chameaux pour jouir de l'heure présente et faire honneur aux dons qui nous étaient offerts, laissant à la Providence le soin du lendemain.

Tout en mangeant, j'observais nos bienfaiteurs d'un œil attentif. Le plus âgé paraissait avoir environ 40 ans; il était grand, bien fait; son regard hautain annonçait l'habitude du commandement; mais ses traits avaient une expression peu propre à inspirer la confiance. Son costume, fort riche pour un Arabe, se composait d'une longue tunique blanche, d'une veste de drap écarlate et d'un turban de soie à raies rouges et jaunes. Il portait en outre une épée dont la poignée d'argent annonçait la haute naissance de son propriétaire.

C'était Ghafil, chef de la famille la plus considérable et la plus turbulente du Djouf, les Beyt-Haboub, qui gouvernaient autrefois le pays, mais qui sont contraints aujourd'hui de courber leur orgueil devant Hamoud, lieutenant du sultan Télal.

Le second étranger, qui s'appelait Dafi, était plus jeune, avait l'air plus doux et plus franc que son compagnon. Moins richement vêtu, il portait cependant l'épée à poignée d'argent et, comme son cousin Ghafil, il appartenait à la famille des Haboub.

Après que nous eûmes satisfait notre appétit, une conversation animée s'engagea entre nous et nos hôtes. Ayant appris que le gouverneur Hamoud résidait dans la ville, nous pensions devoir le jour même rendre visite à ce haut personnage. Mais notre nouvel ami cherchait à nous détourner de cette démarche. Il nous avait, dit-il, offert le premier l'hospitalité, et, le premier aussi, il avait droit de nous recevoir dans sa maison.

Plus tard il se ferait un plaisir de nous introduire lui-même chez Hamoud.

Dafi intervint alors et fit valoir ses propres titres à être notre hôte: comme son parent, il était venu en personne à notre rencontre; sa maison était la plus proche; cette circonstance devait engager des voyageurs fatigués à lui donner la préférence. Il fut obligé néanmoins de s'incliner devant le désir formel du chef, et nous reprîmes lentement notre route vers la ville. Nous sortions à peine des premiers bosquets de palmiers que Dafi, montrant les murailles élevées d'un beau jardin, exprima ses regrets de nous voir passer devant sa demeure sans en franchir le seuil. Il nous adressa une cordiale invitation pour le lendemain et, avant de nous quitter, jeta sur Ghafil et sur nous un regard expressif dont je compris plus tard seulement toute la signification.

Nous entrâmes dans la ville en compagnie de notre hôte, qui, tout le long du chemin, protestait de la joie qu'il éprouvait à nous recevoir et de son désir de nous être utile. Après avoir laissé sur notre droite la colline où s'élève la citadelle et traversé plusieurs vastes jardins, nous arrivâmes devant un majestueux portail qui donnait accès dans une cour bordée de constructions avec des bancs de pierre : c'est une sorte d'antichambre dans laquelle les Arabes opulents reçoivent les visiteurs qu'ils ne veulent pas admettre à leur foyer.

Pendant que nous mettions modestement pied à terre, attendant le bon plaisir du chef, celui-ci entra dans l'habitation par une porte assez haute pour permettre aux cavaliers de passer sans descendre de leurs chameaux ; puis, s'étant assuré que tout était prêt pour nous recevoir, il revint à la hâte nous inviter à le suivre.

Dans la cour intérieure où il nous introduisit se trouvaient les appartements de la famille et, au fond, de vastes écuries pour les chevaux et les chameaux. Nous remarquâmes un bâtiment plus élevé que les autres et percé de plusieurs petites fenêtres sans vitres, la chaleur du climat rendant ce luxe inutile ; c'était le *khavah*, la salle de réception, le parloir, si l'on veut ; car je ne saurais l'appeler salon, puisque les dames ne l'honorent jamais de leur présence. Il nous suffira de décrire le khavah de Ghafil pour donner une idée de tous ceux de l'Arabie: cette pièce, indispensable complément de chaque maison tant soit peu confortable, offre partout, dans la péninsule, les mêmes dispositions, le même type, le même aménagement; elle est seulement un peu plus grande ou plus petite, plus ou moins richement meublée, selon la fortune du propriétaire.

Le khavah de notre hôte pouvait avoir 20 pieds de hauteur sur 50 de largeur. Dans l'épaisseur des murs, décorés de grossières peintures brunes et blanches, on avait creusé de petites niches triangulaires destinées à recevoir des livres, mais qui, chez Ghafil, en étaient fort peu pourvues. Des solives plates et unies formaient le plafond; le sol était couvert de sable fin, et des bandes de tapis, sur lesquelles on avait disposé de distance en distance des coussins de soie, garnissaient toute la longueur de la salle. Dans les maisons moins opulentes, de grossières couvertures remplacent les tapis. A l'angle le plus éloigné de la porte, se trouvait un petit foyer, consistant en un bloc de granit de 20 pouces de côté dans lequel est pratiquée une longue ouverture renflée vers le haut et communiquant avec un soufflet qui chasse l'air sur une grille intérieure chargée de charbon. Il suffit de quelques minutes pour que le combustible, complétement embrasé, fasse bouillir la cafetière placée à la partie supérieure du tuyau. Ce système est d'un usage universel chez les habitants du Djouf et du Djébel-Chomer; au Nedjed et dans les provinces méridionales, on le remplace par un foyer ouvert, creusé dans le sol, exactement semblable à ceux qu'on peut voir en Espagne et dans quelques antiques manoirs anglais. Cette différence de disposition provient de ce que, dans le Sud, la grande abondance du bois à brûler permet d'en consommer davantage. Dans le Nord, au contraire, où les arbres sont rares, le seul combustible que l'on puisse avoir est de mauvais charbon amené de loin, très-cher par conséquent, et soigneusement épargné.

Près du foyer se tiennent le maître de la maison et les hôtes auxquels il veut témoigner une déférence particulière; de cette place privilégiée rayonnent tout autour de la salle les égards.... et le café. Sur le large rebord du fourneau sont étalées avec ostentation des cafetières en cuivre de grandeurs variées. Dans le Djouf, ces ustensiles rappellent ceux qui sont en usage à Damas; dans le Nedjed, au contraire, et dans les districts orientaux on les couvre de ciselures. La forme est généralement gracieuse: la panse, élégante et large, est allongée et terminée en bec, le couvercle richement modelé. Le nombre des cafetières qui ornent le foyer est pour les Arabes une question de luxe et de vanité, il mesure à leurs yeux l'étendue des relations du maître de la maison et la quantité de convives auxquels il peut avoir à servir le café. Bien que la préparation de l'odorant breuvage n'exige que trois cafetières, un homme comme il faut croirait déroger, dans le Djouf, s'il n'en exhibait au moins cinq ou six. Dans le Sud, c'est dix ou douze qui est le nombre admis par les gens de bon ton.

Derrière le fourneau est assis un esclave noir dont les fonctions consistent à préparer le café et à le servir aux hôtes. Le véritable café arabe, pour le dire en passant, n'a aucune espèce d'analogie avec l'infusion noirâtre et charbonneuse que les Européens se plaisent à décorer de ce nom : jamais un habitant de la péninsule ne daignerait tremper ses lèvres dans cette préparation faite à l'aide de fèves de rebut et auxquelles une calcination inintelligente a enlevé le reste de leur arome. Les fèves employées en Arabie, et triées avec tant de soin qu'à peine en reste-t-il une sur cent dans les sacs les plus fins expédiés en Europe, sont verdâtres et transparentes. On les grille très-légèrement et on les concasse au moment même de préparer le café, de manière à ne rien perdre du parfum, et l'on vous sert une liqueur dorée et odorante dont il est impossible de se faire aucune idée tant qu'on ne l'a pas savourée dans le pays même.

Dès que nous fûmes entrés, que nous eûmes échangé avec notre hôte et les autres assistants les formules du salut arabe, déposé, selon l'usage, nos sandales sur le sable et pris place à côté du fourneau, Soweylim, le nègre de notre hôte, commença à préparer le café. Il alluma le charbon, mit auprès du feu une colossale cafetière remplie aux trois quarts d'une eau limpide, puis tira d'une niche particulière dans le mur, un vieux sac où il prit trois ou quatre poignées de café, qu'il éplucha soigneusement; après quoi il versa les fèves dans une large cuiller de métal, les exposa à la chaleur du fourneau et les agita doucement jusqu'à ce qu'elles rougissent et se fendissent en fumant légèrement. Les fèves un peu refroidies, il les broya dans un mortier de pierre, versa la grossière poudre rougeâtre qu'il avait obtenue dans une seconde cafetière à moitié remplie d'eau bouillante, ajouta un peu de safran et d'autres épices, puis filtra la liqueur et apprêta les tasses.

Toutes ces opérations, accomplies avec autant d'attention et de gravité que si le salut de l'Arabie entière en avait dépendu, durèrent une bonne demi-heure. Pendant ce temps, une conversation animée s'était engagée entre nous et nos hôtes au sujet de notre voyage, des motifs qui nous amenaient dans le Djouf, de nos médicaments, de nos marchandises[1], etc. Du premier coup d'œil, nous pûmes voir que nous ne manquerions ni d'acheteurs ni de malades; pour le début de mon séjour dans l'Arabie centrale, je résolus de laisser dans l'ombre notre titre de docteurs et de chercher plutôt à me défaire de mes marchandises encombrantes; aussi notre commerce fit-il surtout les frais de l'entretien.

Au bout d'un quart d'heure, tandis que Soweylim brûlait son café, le fils aîné de Ghafil parut avec un plateau sur lequel il déposa un grand vase de bois rempli de dattes et une coupe pleine de beurre fondu. Notre hôte, quittant sa place auprès du foyer, vint

1. M. Palgrave, qui avait fait des études médicales, s'était muni tout à la fois de marchandises et de médicaments, se donnant, suivant les circonstances, pour un négociant ou pour un médecin.

s'asseoir en face de nous, et chacun se mit à manger des dattes, qu'il plongeait préalablement dans le beurre. Notre appétit satisfait, nous nous levâmes pour nous laver les mains.

Cependant Soweylim avait achevé son café et commençait sa tournée, tenant d'une main la cafetière, de l'autre le plateau et les tasses. Il est de règle que l'esclave boive le premier pour montrer aux assistants que « la mort n'est pas cachée dans le vase ». Il sert ensuite les invités à la file, à partir du fourneau. Refuser de recevoir la coupe qu'il présente serait une injure mortelle; mais il ne faut pas un grand effort pour en avaler le contenu, car les tasses sont grandes comme une coquille d'œuf, et la politesse arabe veut qu'on ne les remplisse qu'à moitié. A la première tournée en succède toujours une seconde et parfois une troisième.

Notre hôte, non sans raison, aurait voulu nous voir ouvrir boutique et donner des consultations dans sa demeure; sa provision de café étant épuisée, il comptait tirer parti de son hospitalité pour obtenir à des conditions avantageuses les marchandises que nous avions apportées. Mais, de notre côté, mon compagnon et moi nous désirions nous trouver quelquefois seuls, nous recueillir, nous communiquer nos impressions. Aussi nous déclinâmes, sous différents prétextes polis, les offres réitérées de Ghafil, et il finit par nous promettre que le lendemain nous serions installés au centre de la ville dans une demeure entièrement séparée et convenable.

Vers le coucher du soleil, Ghafil nous offrit de profiter des heures calmes et fraîches du soir pour visiter ses jardins.

La grandeur des habitations, dans le Djouf, varie selon la fortune de leurs propriétaires; les pauvres se contentent de masures sombres et étroites; chaque famille a cependant la sienne propre; jamais on ne voit plusieurs ménages sous le même toit. Quant aux demeures des riches, elles se composent en général, comme celle de Ghafil, de plusieurs corps de bâtiments séparés par deux cours, l'une extérieure, dans laquelle les cavaliers laissent leurs montures; l'autre, intérieure et donnant accès aux appartements. Un trait caractéristique de l'architecture du Djouf est l'adjonction fréquente, aux maisons particulières, d'une tour haute de 30 à 40 pieds, large de 12 pieds environ, avec une étroite poterne et des meurtrières. C'est là que se retiraient les chefs de factions pendant les luttes continuelles qui ensanglantaient le pays. Depuis que la sage administration de Télal fait régner l'ordre dans le pays, ces forteresses, devenues inutiles, ont été presque partout démantelées.

Les maisons, surtout celles des chefs, sont ordinairement séparées les unes des autres par de vastes jardins enclos de hautes murailles et traversés par d'innombrables ruisseaux. Les jardins du Djouf sont renommés, à juste titre, dans l'Arabie entière, pour leur excellente culture et leur fertilité. On y voit le palmier-dattier, dont les fruits, inférieurs peut-être à ceux de l'Hasa, sont bien préférables à tout ce que peuvent offrir l'Égypte, l'Afrique et la vallée du Tigre, et font l'objet d'un commerce fort étendu. Les pêches et les abricots, les raisins et les figues y surpassent en saveur et en beauté ceux de Syrie ou de Palestine. Dans les champs, on cultive avec succès le blé, les plantes potagères, le melon, etc.

Le lendemain de notre arrivée, Ghafil, comme cela était convenu, fit mettre à notre disposition une petite maison du voisinage qui appartenait à l'un de ses clients. Notre nouvelle habitation se composait d'une petite cour et de deux chambres qui devaient nous servir, l'une de logement, l'autre de magasin. Il n'y avait point de cuisine, mais nous n'en avions guère besoin, tant les habitants se montrent ici hospitaliers envers les étrangers. Quoiqu'ils aient encore le caractère un peu sauvage et qu'ils ne reculent pas toujours devant des faits qualifiés par nos lois européennes de pillage ou de brigandage, la générosité forme le trait distinctif des habitants du Djouf; nulle part en Arabie, l'étranger n'est mieux traité, plus cordialement accueilli, à moins toutefois qu'il ne soit tué avant d'être reçu comme hôte.

Nous transportâmes aussitôt chez nous notre bagage et nos marchandises, et nous n'eûmes pas à attendre longtemps les chalands, car la population paraissait encore plus impatiente d'acheter que nous de vendre. Dès la pointe du jour, la foule stationnait à notre porte, et, du matin au soir, nous étions témoins des scènes les plus plaisantes, scènes dans lesquelles se déployaient à la fois l'avarice sordide des Arabes, leurs ruses innocentes et leur simplicité enfantine. Mouchoirs, étoffes, verroteries, couteaux, peignes, miroirs, que sais-je encore? — car notre assortiment était des plus variés, — trouvèrent un débit prodigieux; les uns nous payaient comptant, les autres demandaient du crédit; mais je dois leur rendre cette justice que les dettes de cette nature furent acquittées très-exactement; les fournisseurs de l'aristocratie anglaise et parisienne, au moins autrefois, n'étaient pas toujours aussi heureux.

Notre commerce nous mettait en rapport avec toutes les classes, je dirais presque avec tous les individus de la ville. Des paysans de

Sekakah, de Kara, et d'autres bourgs, figuraient même parmi notre clientèle; car la renommée, dont la trompette est portée à l'exagération dans tous les climats, avait répandu le bruit que nous étions des personnages fort importants et que nous possédions une riche pacotille. L'affluence était donc si grande dans notre maison que bientôt il s'y trouva plus d'acheteurs que de marchandises.

Ghafil, cependant, avait recours à mille artifices pour nous empêcher de vendre notre café, qu'il désirait vivement accaparer pour son propre compte. Dès qu'une offre nous était faite, il envoyait un de ses parents ou de ses amis nous conseiller de refuser; et, bien que son manége fût assez visible, nous préférâmes fermer les yeux, afin de ne pas désobliger notre principal hôte, dût-il en résulter pour nous une perte légère.

Je dis notre principal hôte, car tous ceux qui avaient un dîner à offrir ambitionnaient l'honneur de devenir aussi nos hôtes; les invitations pleuvaient sur nous et l'on aurait cru ternir la réputation d'hospitalité du pays si l'on nous avait laissés manger deux jours de suite sous le même toit. Le matin, au retour de la promenade que nous avions coutume de faire dans les bosquets de palmiers qui entourent la ville, nous ne manquions jamais de trouver devant notre porte quelque jeune garçon envoyé par son père pour nous inviter à prendre chez lui le repas du matin.

Le soir, nous allions souper chez quelque autre de nos amis arabes. Le repas du soir, le plus important de la journée, a lieu un peu avant le coucher du soleil. Au Djouf et dans le Djébel-Chomer, la pièce de résistance est invariablement le *djirishah*, mets qui se compose de froment écrasé et bouilli, auquel on ajoute du beurre, de la viande, quelquefois des melons, des concombres et même des œufs durs, le tout disposé en pyramide sur un grand plat de cuivre de deux pieds de diamètre. On le mange avec les doigts et très-chaud. Le pain, qui figure souvent au déjeuner, est toujours exclu du souper; la forme et la qualité en varient beaucoup en Arabie; celui du Djouf est un grand gâteau, sans levain, de forme grossière. Un plat de dattes termine ordinairement le repas. Les convives n'ont que de l'eau à boire; le dattier fournirait cependant un excellent vin, si l'on en croit les anciens poëtes de l'Arabie septentrionale; mais la mode en est passée, et le souvenir même presque effacé.

Après le souper, tous se lavent les mains et sortent de la salle pour fumer tranquillement sous le ciel pur d'un soir d'été. La conversation continue pendant une heure ou deux; puis chacun rentre chez soi, pour se livrer, je suppose, prosaïquement au repos, car nulle lampe pensive ne brille au milieu de la nuit.

Quatre jours après notre arrivée, nous fîmes, en compagnie de Ghafil et d'une grande partie de la famille des Haboub, notre visite au gouverneur du Djouf. Hamoud, qui est un grand et bel homme dans la force de l'âge, nous reçut avec beaucoup de bienveillance, s'informa avec intérêt de notre voyage et finit par nous offrir de loger au château. Mais Ghafil fit aussitôt valoir le droit qu'il avait d'être notre hôte et déclina en notre nom la gracieuse proposition d'Hamoud. Nous présentâmes alors au gouverneur une livre de notre meilleur café, qu'il accepta sans se faire prier, nous assurant en retour ses bons offices. « Nous ne demandons qu'une chose, dis-je, c'est qu'Allah vous accorde une longue vie. » La politesse arabe exigeait cette réponse, qui ne nous empêcha pas d'exprimer le désir d'avoir des lettres de recommandation pour nous rendre à Hayel, où nous avions l'intention de nous placer sous le patronage immédiat de Télal. Hamoud promit de nous aider de tout son pouvoir, et il tint parole.

Le lendemain, le gouverneur nous rendit notre visite, et, pendant les dix-huit jours que nous passâmes au Djouf, nous fîmes au château des excursions fréquentes, partageant l'hospitalité du gouverneur, ou bien employant nos heures de loisir à observer les scènes intéressantes et variées qui s'offraient à nous. Hamoud, en vertu de ses pouvoirs judiciaires, tient chaque matin de longues audiences, où il admet quiconque a des réclamations à faire valoir, des torts à redresser. Les parties adverses plaident leur cause en personne devant lui, et le gouverneur, après les avoir écoutées patiemment, prononce le jugement. Les crimes qui entraînent la peine capitale relèvent de la juridiction d'Hayel. Tous les autres délits sont du ressort du gouverneur provincial; aussi a-t-il beaucoup à faire. Un homme de loi aurait, en Arabie, peu de chances de s'enrichir; car tout le monde, même les Bédouins, possède assez de facilité d'élocution et de présence d'esprit pour défendre son droit, et la chicane aurait peu de succès, bien qu'il ne soit pas rare qu'on cherche à corrompre le juge par des présents.

Après dix jours passés au Djouf, nous nous rendions parfaitement compte de l'état du pays. Une civilisation naissante, luttant contre la barbarie qui l'enserre partout, une organisation élémentaire, mise à la place du chaos; un vernis du culte musulman, mêlé à quelque peu de fanatisme wahabite, recouvrant un fond de matérialisme et d'indifférence religieuse; l'amour du commerce et du travail succédant avec lenteur à des habitudes de rapine et de brigandage; beaucoup d'hospitalité, peu de bonne foi, la licence des mœurs et des manières poussée à un point extrême, telle était cette province dans l'été de 1862.

Aussi étions-nous impatients de quitter le Djouf pour continuer nos explorations dans l'intérieur du pays. D'ailleurs, malgré la généreuse hospitalité que nous recevions, nous avions à supporter beaucoup de privations et d'ennuis. Ma santé, ébranlée par la traversée du désert, avait besoin, pour se remettre, d'un régime alimentaire plus fortifiant que la viande mal bouillie et le mauvais djirishah qui composait ici ma nourriture ordinaire. L'extrême lésinerie de nos honorables chalands, leur manie de *marchandage*, les exigences de notre hôte Ghafil, qui voulait régler toutes choses selon sa fantaisie et pour son plus grand avantage, tout cela ne laissait pas que d'être fatigant à la longue: nous ne nous sentions guère à l'aise, en famille pour ainsi dire, que chez deux Arabes: chez Dafi, ce parent de Ghafil, qui nous avait si cordialement accueillis lors de notre arrivée, et chez un vieillard respectable et instruit, nommé Salim, dont la maison touchait à la nôtre; c'est auprès d'eux que nous allions nous réfugier quand nous étions par trop fatigués de Ghafil et de ses pareils.

Enfin, un matin, le gouverneur Hamoud nous fit prévenir qu'il s'offrait une excellente occasion pour nous rendre à Hayel, ainsi que nous le souhaitions. Trois chefs de la tribu des Azzam devaient aller prêter entre les mains de Télal leur serment d'allégeance, et plusieurs habitants du Djouf que des affaires appelaient dans le Djébel-Chomer comptaient se joindre aux Bédouins.

Nous nous empressâmes de profiter de cette circonstance, et les derniers jours de notre séjour à Djouf furent employés à faire nos approvisionnements de dattes et de farine, à faire réparer nos outres et à presser la rentrée des dettes arriérées. Le 18 juillet, à l'heure appelée par les Arabes *asr*, c'est-à-dire vers le milieu de l'après-midi, nous prîmes congé des bons Djoufites, et nous sortîmes de la ville, accompagnés de Dafi, d'Okeyl, fils aîné de Ghafil, et de quelques autres de nos amis, qui, suivant la coutume orientale, nous conduisirent jusqu'à une certaine distance, sincèrement attristés de notre départ et faisant des vœux pour qu'à notre retour nous repassions par leur ville. « *Insha Allah* » (si Dieu le veut), répondîmes-nous. Qu'avions-nous de mieux à dire?

AFRIQUE.

AFRIQUE.

I.

La ville de Yamina, sur le Niger[1].

Tous les renseignements que j'avais recueillis me faisaient penser que j'allais atteindre l'un des buts de mon voyage, les bords du haut Niger, et que la ville de Yamina, le second marché de Ségou, se trouvait à une

1. Les éléments de ce récit sont empruntés à la relation du remarquable *Voyage*, accompli, de 1863 à 1866, par M. E. Mage, lieutenant de vaisseau, *dans le Soudan occidental*. Cette relation, qui donne sur une contrée presque inconnue jusqu'alors les renseignements les plus précis et les plus circonstanciés, forme un magnifique volume in-8°, édité en 1868 par la maison Hachette, illustré de nombreuses gravures et accompagné de six cartes.

très-petite distance de nous. Nous marchions dans une plaine unie, sous une chaleur accablante. Je cherchais à apercevoir le fleuve, mais je ne voyais qu'une colline dans le lointain et une autre sur notre droite. Enfin, vers trois heures et demie, on distingua au milieu d'une rare végétation quelques palmiers, une tour ogivale, puis des murailles: c'était Yamina. Nous tournâmes la ville et, à quatre heures, nous étions sur la berge du Niger. Un immense banc de sable s'étendait devant la ville. Au pied de la berge, de nombreuses pirogues étaient à sec; sur des piquets, des filets en très-grande quantité; de l'autre côté de l'eau, un banc de sable tout aussi large et une berge très-éloignée, voilà ce qui me frappa tout d'abord. Je m'étais attendu, d'après Mongo Park, à une nappe d'eau immense. Le Niger, aux hautes eaux, mesure plus de 2,000 mètres de large; et maintenant, resserré entre les deux berges de sable, il n'avait guère que 600 mètres. Je fus désappointé: sur le premier moment, je ne fis pas la réflexion que Mongo Park, aussi bien à son

IV, p. 141.

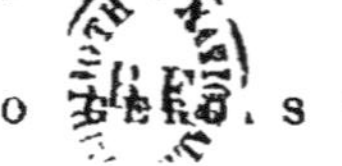

UN ATELIER DE FORGERONS DANS LE SOUDAN.

premier qu'à son second voyage, n'avait vu le fleuve qu'en plein hivernage.

Après nous être rassasiés de ce spectacle, nous continuâmes à tourner la ville, longeant le rang de maisons qui fait face au fleuve. La berge, en cet endroit, est défendue contre les empiétements du fleuve à chaque saison des pluies, par une espèce de quai irrégulier bâti en mottes de terre glaise, au pied duquel on vient jeter les immondices des cases qui s'ouvrent sur la berge.

Nous entrâmes en ville par une petite place où travaillait un forgeron sous une échoppe formée de quatre piquets et de deux nattes grossières, et l'on nous fit arrêter, dans une encoignure, à la porte d'une maison surchargée de ces sculptures grossières en terre moulée qui sont un des cachets de l'architecture de ces pays. Je sus, plus tard, que c'était la maison habitée jadis par une fille de l'ancien roi de Ségou, Ali, fils de Man-Song.

Nous déchargeâmes nos ânes, je fis entasser les bagages dans le coin, et je m'étendis sur mon morceau de matelas, exténué de fatigue. Au bout d'une demi-heure, que la foule sans cesse croissante des importuns et des curieux me fit trouver bien longue, le guide revint avec un vieux nègre qui nous dit qu'il allait nous loger et nous fit, effectivement, entrer dans la maison naguère occupée par la princesse. Mais les toitures étaient tellement effondrées et les cases tellement pleines d'ordures, qu'après une rapide inspection, l'honnête noir se décida à m'offrir chez lui un gîte plus convenable. On rechargea les bagages et, après avoir traversé presque toute la ville, nous arrivâmes à une maison simple, mais propre: c'était la demeure de Sérinté, notre hôte.

Près de la porte, sous un petit hangar, se tenait une marchande qui vendait des arachides grillées, des haricots également grillés et deux ou trois préparations locales : du *bouraka,* boules de couscous aggloméré avec du miel, du poivre et d'autres aromates du pays, des galettes de mil au beurre de karité, etc.

Sous la porte même, travaillait un cordonnier, le cordonnier du maître de la maison, c'est-à-dire son homme de confiance, son ami, celui qu'à un moment donné il chargera de la mission la plus délicate, mais qui appartient à une caste méprisée et à qui nulle femme d'une autre classe ne consentira jamais à s'allier.

On nous logea tout au fond de la maison, dans une cour étroite sur laquelle ouvraient cinq ou six petites cases, abris plus que modestes, dont les portes avaient à peine la hauteur d'un homme, et dont l'intérieur n'offrait guère que la place nécessaire pour mettre un lit. Nous nous hâtâmes de nous installer, mais il fallut user de violence pour nous débarrasser de la foule qui nous avait poursuivis jusque dans cet asile. Le soir, mon hôte m'apporta un cabri, deux poules et un peu de riz; mes hommes eurent le repas national traditionnel, le *lack-lallo*.

Le lendemain, un peu reposé et rafraîchi par des soins de toilette plus complets que je n'avais pu me les permettre pendant notre voyage, je me mis en devoir d'aller visiter le marché. Mais au moment où je sortais,

Sérinté nous proposa de nous rendre d'abord chez le chef du village. Jusqu'alors j'avais considéré Sérinté comme étant ce chef; mais, dans ces pays, demandez à n'importe qui s'il est le premier, jamais son amour-propre flatté ne lui permettra de dire non.

Nous partîmes donc, et après nombre de détours dans des rues étroites et sur des places qui n'étaient que d'immenses trous, dont on avait retiré la terre pour construire la ville et qui, maintenant, se remplissaient lentement avec les immondices, nous arrivâmes à une grande habitation assez propre. De case en couloir, de couloir en cour et de cour en case, on nous fit entrer dans une grande maison, haute de 4 mètres, dont la toiture, comme toutes les autres, était une terrasse soutenue par des piliers de bois. C'était le *bilour*, case inhabitée, qui sert, le jour, de salon de réception et, la nuit, de dortoir aux enfants ou aux esclaves non mariés.

La muraille nue était peinte en gris avec de la terre glaise et de la vase mélangée de bouse de vache.

Simbarra Sacco, chef de la tribu qui peuple Yamina, daigna, au bout d'un quart d'heure, venir nous y donner audience. Nous échangeâmes quelques formules de politesse. Je lui dis que je venais dans le pays pour voir Ahmadou (fils du sultan El-Hadj-Omar, et régent du Ségou pendant la campagne que son père faisait dans le Macina), ce qui parut médiocrement intéresser l'honorable fonctionnaire nègre; puis nous nous retirâmes.

Nous passâmes alors au marché, toujours plus ou moins poursuivis par la foule. C'était un jour de marché ordinaire, où, sous le rapport alimentaire, on était assez pauvrement fourni. A Yamina, comme dans toutes les grandes villes, le marché se tient tous les jours, mais il y a, une fois par semaine, un grand marché, auquel affluent souvent de fort loin le monde et les provisions; nous en avons eu le spectacle, pendant notre court séjour, et, en songeant qu'aujourd'hui la ville est ruinée, que les caravanes n'y arrivent que de loin en loin, nous avons pu nous faire une idée de ce que devaient être ces foires à l'époque où mille chameaux venaient y apporter le sel de Tichit, tandis que des centaines d'ânes arrivaient de Bouré avec trois ou quatre cents porteurs, partis souvent de Sierra-Leone avec leurs charges sur la tête.

La place était bordée de petites échoppes en nattes ou en bois, recouvertes en pisé, de manière à garantir à la fois du soleil et de la pluie. Chacune abritait, suivant ses dimensions, un ou plusieurs vendeurs, assis sur des nattes derrière leurs marchandises : sel, verroteries, étoffes, papier, soufre, pierres à fusil, anneaux de cuivre ou d'argent pour les oreilles, le nez ou les doigts, colliers de ceinture, bandeaux de petites perles pour le front, pagnes ou burnous en coton du pays, etc.

Dans un coin, voici un barbier qui manie fort adroitement, je vous assure, ses rasoirs de Sierra-Leone, préalablement détrempés pour recevoir le fil. Il rase la tête d'un enfant attaché sur le dos de sa mère et poussant des cris perçants; mais, malgré tous ses mouvements, il ne le coupe pas. Du reste, pas de savon; de l'eau claire, et voilà tout.

Un peu plus loin, nous remarquons des raccommodeuses de calebasses fêlées et des marchands de sel. Le sel se transporte sous forme de grosses pierres plates de 1m,20 de longueur, sur 40 centimètres de largeur, qui, au moment de mon arrivée, valaient 20,000 cauris (environ 60 fr.), c'est-à-dire le prix d'un captif. Mais les marchands le débitaient en morceaux ou en petits tas, accessibles aux bourses les moins garnies, car on en pouvait acheter à 5 cauris (environ 1 centime et demi). Les *cauris,* petites coquilles univalves des mers de l'Inde, sont, pour ainsi dire, l'unique monnaie dans le bassin du Niger, et les habitants arrivent à les compter et les ramasser avec une dextérité surprenante. Disons, en passant, que le système de numération est assez original. On compte les cauris par 10, jusqu'à 8 fois 10; mais 8 fois 10 = 100; 10 fois 100 = 1,000; 10 fois 1,000 = 10,000 et 8 fois 10,000 = 100,000; de sorte qu'en réalité, 100 n'est que 80, 1,000 = 800, 10,000 = 8,000, et 100,000 = 64,000. Indépendamment des cauris, qui sont la monnaie courante, on a une monnaie de convention, le captif, qui vaut en moyenne 20,000 cauris. On fait un marché en captifs comme on le ferait en Europe en francs ou en livres sterling, mais on paye en cauris[1]. La valeur *vénale* d'un captif varie, bien entendu, suivant l'âge, la beauté ou la force.

Les boucheries ne sont pas la partie la moins curieuse du marché; elles ne diffèrent des autres boutiques que par des piquets auxquels on suspend les quartiers de viande et par les fours placés, soit sous le hangar, soit devant, et dans lesquels on fait griller jusqu'à des cuisses de bœuf tout entières. Ce sont de simples fours en terre où la viande, posée sur des traverses en bois de cailcédra, se fume tout en se cuisant.

Généralement on tue le bœuf à la boucherie même, en plein marché. Suivant l'usage musulman, on tourne la bête vers l'est, les jambes attachées, et un marabout, qui re-

1. Un cheval vaut de 2 à 5 captifs; un bœuf, 1 captif ou un demi-captif (soit 20,000 cauris ou 10,000 cauris).

çoit pour sa peine une part de viande, vient lui couper la gorge en murmurant une invocation ou simplement le mot *Bissimilahi*. Aussitôt tué, le bœuf est écorché et dépecé; on recueille soigneusement le sang dans des calebasses. Rien ne se perd, ni les boyaux dont on fait une sorte de saucisse grossière, ni la rate et le mou qu'on laisse sécher au soleil pour en faire, lorsqu'ils seront gâtés, l'assaisonnement du coulis du lack-lallo. Le sang, bouilli et réduit en grumeaux, se débite par petites mesures, pour être mangé tel quel ou pour assaisonner une sauce quelconque. Enfin, le foie se mange grillé, mais on en fait peu de cas: c'est le morceau des pauvres.

Il y avait aussi des marchands de poissons qui vendaient depuis le poisson frais jusqu'au poisson en décomposition, en passant par le poisson fumé. Bien que ces étalages répandissent une véritable infection, ils étaient toujours fort entourés; une foule de gens trop pauvres pour se payer de la viande achetaient un peu de poisson gâté pour aromatiser le lack-lallo national.

Au milieu du marché se tenaient, avec leurs calebasses ou leurs paniers, les vendeuses de mil, de tamarin, d'arachides, de piment, de couscous, etc.

Notre promenade nous ayant passablement fatigués, nous rentrâmes dans notre case. Mais, dès le lendemain matin, je résolus de compléter mon exploration en me faisant transporter de l'autre côté du Niger, de manière à prendre une vue d'ensemble de Yamina.

Les pirogues qui, sur le Niger, servent à la pêche et aux transports sont des plus misérables. Celle où nous montâmes, avait 10 mètres de long sur 1 mètre de large; elle était composée, suivant l'usage constant du pays, de deux grandes pièces de bois ou demi-pirogues réunies par le milieu bout à bout et fixées par un transfilage en grosse corde, fait assez artistement. Les interstices et les trous sont calfeutrés avec de l'herbe ou de l'étoupe mêlée de terre glaise. Lorsque la machine est toute neuve, elle est à peu près étanche; mais à mesure qu'elle vieillit, les liens du milieu se détendent, les extrémités plongent, l'eau les envahit avec une extrême facilité, et il faut constamment un ou deux hommes pour vider la pirogue pendant qu'on est en marche. La nôtre n'était plus neuve, il s'en fallait de beaucoup. Aussi, bien qu'on eût eu l'attention de mettre au fond une litière de chanvre, nous prenions un bain de pieds, bien avant d'avoir parcouru les 600 mètres auxquels j'évalue la largeur du fleuve en cet endroit.

Au reste, nous avancions lentement : deux hommes poussaient sur le fond qui est à 2 mètres environ de la surface, tandis qu'un troisième, placé à l'arrière, dirigeait l'embarcation au moyen d'un long bambou qu'il appuyait également au fond.

Dès que nous fûmes de l'autre côté, M. Quintin se mit à l'eau pour prendre un bain pendant que je dessinais la ville et la pirogue qui venait de nous amener. Quand j'eus fini, le docteur était déjà sorti de l'eau qu'il avait trouvée très-froide; c'est une remarque que les noirs de l'escorte firent constamment pendant leur séjour, que l'eau du Niger est bien plus froide que celle du Sénégal.

Nous nous rembarquâmes, et en quelques instants nous avions regagné le grand banc de sable fin qui s'étend au pied de la ville.... Le lendemain, nous devions faire plus ample connaissance avec les pirogues du Ségou, car c'est à leur bord que nous avions résolu de gagner la capitale, Ségou-Sikoro, située à deux ou trois journées en aval de Yamina.

II.

Le Ramadan à Constantine[1].

La dernière fois que je visitai Constantine, au printemps de 1862, je m'y trouvai à l'époque du *Ramadan*, le mois saint des musulmans. Mon ami Hadj-Hamed-el-Gadiri, d'Alger, m'ayant recommandé à quelques Maures de la meilleure compagnie, j'eus l'occasion d'étudier les mœurs des indigènes mieux que ne le peuvent en général les Européens. Il n'y a pas d'époque dans l'année qui soit plus propre à nous donner une idée des usages et des croyances, des défauts et des qualités des musulmans; car c'est peut-être la

1. D'après Henri, baron DE MALTZAN, *Drei Jahre im Nordwesten von Afrika*. Leipsick, 1863, t. III.

seule fête qui se célèbre exactement dans les mêmes conditions parmi tous les peuples mahométans du monde.

On sait que le Ramadan est le temps de jeûne, le carême des sectateurs du prophète. Ce jeûne ne consiste pas seulement à s'abstenir, à certains jours de la semaine, de certains aliments déterminés, ainsi que le font diverses communions chrétiennes. Calqué sur les anciens jeûnes des juifs, il oblige les musulmans à s'abstenir de toute espèce de nourriture, et ce, non pas pendant un seul jour, de temps en temps, mais pendant trente jours de suite, pendant tout le mois du Ramadan. On ne peut prendre d'aliments que durant l'espace de temps qui s'écoule entre le coucher du soleil et les premières lueurs de l'aurore.

Mes principales relations à Constantine étaient un riche marchand nommé Sid'Ali el Chebab; un rentier, Sidi-Aouïmer ben Cheik Omar, et le *taleb* Sidi-Mohamed el Slotch; un *taleb* est un homme versé dans les saintes lettres.

Vous dire comment Sid'Ali avait acquis le surnom de *el Chebab* (le beau) me serait chose difficile : j'ai rarement vu un homme plus disgracié de la nature; il était bossu par devant et par derrière, ne possédait plus qu'un œil, avait un nez camus, une bouche large et épaisse, et, comme si tout cela n'avait suffi pour l'enlaidir, il était teigneux, comme le sont au surplus un tiers des Maures.

Mon second ami, Aouïmer, vivait très-modestement de ses petits revenus, passant son temps à fumer et à boire du café. Sans être absolument beau, il aurait mieux porté qu'Ali le surnom d'*el Chebab*. C'était un vieillard bien bâti, dont toute la tête était blanche : les cheveux, la barbe, le teint, ses yeux mêmes étaient si clairs qu'ils ne tranchaient guère par leur nuance sur le reste du visage.

Quant au *taleb* Mohamed, je n'ai pas pu vérifier si son surnom d'*el Slotch* (le chauve) était justifié ou non, car je ne l'ai jamais vu qu'affublé d'un immense turban dans lequel entraient au moins vingt aunes de cotonnade. Il avait un nez d'aigle, les joues pleines, une belle barbe grisonnante et des yeux noirs comme le jais. Malheureusement il louchait. Mohamed couvait l'espoir de devenir un jour *cadi* quelque part; toutes les fois qu'une place de cadi était vacante, il adressait une pétition au gouverneur général; mais jamais on ne lui donnait la préférence. Pourquoi? je l'ignore. A l'entendre, c'était parce qu'il était trop honnête homme et que le gouvernement ne choisissait pour cadis que des coquins.

Après le coucher du soleil, nous avions coutume de nous réunir tous les quatre dans la maison d'Ali. Celui-ci venait de répudier sa femme, qu'il trouvait trop vieille pour lui, et comme il n'avait ni filles ni harem, sa maison appartenait sans réserve à ses amis. D'ordinaire, nous nous tenions dans la cour intérieure, bien que dans cette saison, à la fin de février, il y fît parfois un peu frais. Le Ramadan commençait le 1er mars. Mais comme il ne peut s'ouvrir officiellement dans chaque localité qu'après que les témoins assermentés (*Ech-chehoud*) ont affirmé l'apparition de la nouvelle lune, soit faute de clair-

.V, p. 158.

UN SOUPER CHEZ SID' ALI.

voyance de la part de ces fonctionnaires, soit pour telle autre raison, le Ramadan ne commença, en 1862, à Constantine, que le 2, c'est-à-dire un jour plus tard que dans le reste du monde musulman. Il ne faudrait pourtant pas s'imaginer que, grâce à ce hasard, les bourgeois de la ville escamotaient un jour de jeûne: le Coran est inexorable sur ce chapitre. Ils eurent tous à rattraper plus tard ce jour perdu, au moment qui leur convenait le mieux. Le Ramadan même ne se trouve pas prolongé; car l'*Aït el Serhir* (*Baïram*, petite fête), qui suit immédiatement la clôture du Ramadan, doit commencer partout le même jour.

Le gouvernement français fait à ses sujets mahométans la gracieuseté de leur octroyer chaque soir, pendant le Ramadan, un coup de canon qui annonce la fin du jeûne. Tous les jours, entre 6 et 7 heures, retentissait le coup qui autorisait les fidèles affamés à prendre leur repas. Vers cette heure, je voyais souvent de nombreux groupes d'ouvriers et de Kabyles réunis sur la grande place de la ville. Chacun tenait à la main un morceau de pain, ou une orange, ou tout simplement sa pipe bourrée et prête à être allumée, attendant le bienheureux coup de canon. Presque tous avaient un air pâle et défait; ce n'est pas une petite affaire de travailler toute une journée sans boire ni manger. Aussi fallait-il voir avec quelle anxiété ils guettaient le signal et avec quelle gloutonnerie ils s'occupaient ensuite de satisfaire une faim trop longtemps contenue.

Chez Sid'Ali, les choses se passaient avec plus de décorum. Il appartenait à une bonne et ancienne famille arabe et tenait au respect des convenances. Tous les soirs, avant l'heure du coup de canon, nos deux amis, Aouïmer et Mohamed, auxquels se joignaient quelques parasites, se réunissaient dans la maison de l'amphitryon bossu. On connaissait Ali comme un homme riche et hospitalier, et, depuis qu'il avait renvoyé sa femme, il tenait, pour ainsi dire, table ouverte. Généralement le dîner était prêt pour le coucher du soleil. Mais, au moment où retentissait le coup de canon, les hôtes d'Ali, loin de se ruer sur les plats, prenaient au contraire, comme de vrais Arabes qu'ils étaient, l'air de gens auxquels il était parfaitement indifférent que le jeûne fût levé. Le dîner était servi et ils mouraient de faim; leur pipe était bourrée, et ils ne désiraient rien tant que d'en aspirer les bouffées; ils tenaient à la main leur tabatière, et leur nez se fût fort accommodé de l'agréable chatouillement que produit la poudre odorante. Mais ils jouaient l'impassibilité la plus complète, aux dépens du couscous, qui, pendant ce long quart d'heure de comédie, se refroidissait. Enfin, l'un des convives se décidait à offrir une prise à son voisin; celui-ci acceptait et éternuait; on lui disait à la ronde: Dieu vous bénisse! et chacun à son tour prenait du tabac et éternuait. Ensuite l'un ou l'autre allumait sa pipe, et finalement le maître de la maison donnait le signal du dîner. Chaque convive s'armait alors de sa cuiller de bois blanc et entamait de son côté la haute montagne de couscous qui se trouvait au milieu de la table. Mais tout cela se passait tranquillement, posément, ainsi qu'il convient à des gens comme il faut; chacun se piquait de savoir-vivre et, partant, de modération. Comme chez Ali les repas étaient abondants et variés, on arrivait à se rassasier tout en ne mangeant pas beaucoup de chaque mets. Le couscous était le seul de ces mets qui ne fût pas sucré. Les autres consistaient en toute sorte de gâteaux et de pâtisseries. J'étais malheureusement incapable d'y faire honneur, car il y entrait deux ingrédients que les palais européens ne goûtent pas toujours, pris isolément, mais qui, mêlés, révoltent positivement un organe civilisé; j'ai nommé le miel et l'huile. Les Maures ne comprennent point les pâtisseries sans miel et sans huile. L'un de ces mets indigènes, le *mchelvich,* consistait en une petite tranche de pâte cuite dans du miel, trempée dans de l'huile, saupoudrée de sucre, et sur laquelle étaient posés de petits morceaux d'œuf dur. Un autre, le *slabijah,* ressemblait à des beignets, gras, peu cuits et nageant dans le miel. Le *bourak* était un petit gâteau très-cuit, farci de viande hachée et imprégnée de miel. Il y avait encore le *ktaïf*, sorte de pâte coupée menu en forme de nouilles et tellement sucrée qu'on en avait mal aux dents; le *baklaoua*, grand gâteau bourré d'amandes et de raisins de Corinthe, etc. Tous ces plats-là avaient encore, si je puis ainsi dire, quelque chose d'humain. Mais j'en voyais parfois paraître d'autres qui étaient immangeables et ressemblaient beaucoup plus à de la colle ou à du cirage qu'à des aliments destinés à l'homme. Ainsi, le *balousah*, composé d'amidon et d'eau sucrée, ne pouvait positivement servir qu'à coller l'estomac des convives; quant au *kalh*, c'était une horreur dans laquelle je ne sais quelle substance noire nageait dans l'huile. Ce qu'il y avait de désagréable dans l'hospitalité de Sid'Ali, c'est qu'on était tenu de goûter de toutes ces choses. Plus on en mangeait, plus il s'épanouissait. A mon grand regret, je dus souvent lui refuser cette satisfaction; elle était au-dessus de mes forces.

Mes amis maures, au contraire, applaudissaient bruyamment à cette cuisine écœurante.

Ils touchaient à peine au couscous, qui était salé et contenait de la viande, mais se bourraient de gâteaux et de sucreries, absolument comme des enfants; c'était même l'abondance des sucreries qui avait fait la réputation de la table d'Ali. Presque toute la soirée, de nouveaux convives entraient et sortaient. L'usage veut, parmi les Maures, que, durant les nuits du Ramadan, chaque musulman se nourrisse aussi bien que possible: or, bien manger, chez ces gens-là, c'est manger sucré. Aussi, le Ramadan est-il par excellence l'époque des pâtisseries. Sidi-Aouïmer me répéta souvent que j'avais été bien heureux d'arriver à Constantine pour le Ramadan et d'avoir ainsi pu faire connaissance avec tous les plats sucrés des Maures: à ses yeux, on ne pouvait se vanter de connaître un peuple qu'à la condition de pouvoir parler de sa cuisine. Je suis un peu de cet avis.

Parmi les hôtes de Sid'Ali se trouvait fréquemment un petit vieillard ratatiné, du nom de Ben-Aïssa, auquel les assistants témoignaient un certain respect. Ce respect avait une relation mystique avec le singulier titre qu'on donnait au bonhomme. On le nommait *Bou el Metfah*, c'est-à-dire, père du canon, ce qui s'accordait assez mal avec un visage essentiellement pacifique et un costume de coton écru, qui lui donnait bien plus l'air d'un cuisinier que d'un artilleur. Certainement jamais Ben-Aïssa n'avait tiré le canon. Le *taleb* Mohamed m'expliqua que le vieux devait cette qualification bizarre à un petit office dont il était investi et qui consistait à indiquer aux artilleurs français, pendant toute la durée du Ramadan, le moment précis où, chaque soir, devait être tiré le coup de canon annonçant la fin du jeûne. En effet, le jeûne cessait, non pas au moment du coucher effectif du soleil, — le premier soldat venu aurait pu le constater aussi bien que Ben-Aïssa, — mais à un moment fictif réglé par le calendrier du mufti dans la mosquée. On voit combien les fonctions de Ben-Aïssa étaient importantes; car de sa fidélité à les bien remplir dépendait, pour tous les mahométans de Constantine, le repos de leur conscience. Si le « père du canon » se trompe d'une seule minute et fait tirer trop tôt, tous ceux qui ont rompu le jeûne immédiatement après la décharge sont considérés comme n'ayant pas jeûné ce jour-là et tenus de rattraper plus tard cette journée. On raconte que, dans une petite ville d'Algérie, la population musulmane fut une fois obligée de recommencer tout le Ramadan, parce qu'à la fin du mois il fut constaté que le calendrier du *Bou el Metfah* de l'endroit avançait, chaque jour, d'une minute, sur le calendrier du mufti. Il existe en effet des calendriers spéciaux, rédigés en vue de chaque Ramadan par les *tolbas* ou lettrés et indiquant pour tous les jours du mois l'heure précise où commence et où finit le jeûne.

Cette année, il arriva une fois au pauvre Ben-Aïssa de faire tirer le canon, non pas une minute, mais dix minutes trop tôt. Il était vraiment comique de voir quelle consternation ce malheur répandit parmi les habitants de la ville. Comme le temps était mauvais et qu'on ne pouvait pas vérifier aisément si le soleil était déjà couché ou touchait seulement à l'horizon, presque tous avaient rompu le jeûne aussitôt après la décharge intempestive. Aussi, ce soir-là et les jours suivants, le père du canon n'osa-t-il se montrer dans aucun lieu public : il était accablé de malédictions partout où on l'apercevait. Dans la maison de Sid'Ali, la politesse ne permettait pas qu'on lui adressât aucune parole désobligeante, mais on s'en dédommageait par des regards furibonds. Le pauvre Ben-Aïssa était comme au ban de la société; assis tout penaud dans un coin, il paraissait navré de la distraction qui lui avait fait commettre une aussi lourde faute. Ce n'est que bien des jours après qu'on fit semblant de lui avoir pardonné, bien qu'il fût impossible, en réalité, d'oublier son étourderie, puisqu'il y avait, bon gré mal gré, un jour de jeûne à reprendre. Peut-être me dira-t-on: Vous vous moquez de nous; il n'est pas probable qu'en matière de jeûne les musulmans y regardent d'aussi près. — Je vous demande pardon. Il n'y a pas de fête qui soit célébrée aussi rigoureusement que celle-là, surtout par les pieux *Malékis*. Même les jeunes Maures d'Alger, les plus légers dans leur conduite, se rangent pendant le temps du Ramadan, jeûnent tout le jour et s'abstiennent d'une foule d'actions blâmables qu'ils ne se font nul scrupule de commettre tout le reste de l'année. Le musulman prend le Ramadan très au sérieux.

Toutefois, on se tromperait si l'on ne considérait le Ramadan que comme un mois de jeûne, c'est aussi un mois de fêtes. Les nuits sont consacrées aux plaisirs, mais, du moins ici, à des plaisirs tranquilles. On ne voit à Constantine ni danses ni danseuses; on n'entend guère de musique; le principal divertissement consiste à aller souper ou causer les uns chez les autres. Le seul amusement un peu plus bruyant qui soit propre au Ramadan a été introduit dans le pays par ses précédents maîtres, les janissaires: c'est le théâtre de *Karaghis*, sorte de polichinelle ou de *guignol* turc. J'avais grande envie d'assister à ce spectacle, mais je ne parvins pas à déterminer mes amis maures à m'y accompagner; comme Karaghis a une assez mauvaise réputation, aucun indigène de bonne compagnie ne consentirait à avouer qu'il a été le voir, et je me résignai à m'y rendre tout seul. Le théâtre de Karaghis était dressé au fond d'une ruelle obscure et tortueuse, dans une espèce de sous-sol qui servait en même temps de café aux gens de la plus basse classe. Quelques centaines d'Arabes et de Kabyles étaient entassés dans cet antre, en compagnie d'à peine quatre ou cinq Maures de Constantine. Bien que l'auditoire se composât presque uniquement de gens de la campagne et de journaliers, je dois dire qu'il y régnait beaucoup plus de tenue que dans mainte réunion européenne de même acabit. Au moment où la représentation allait commencer, on éteignit les quelques petites lampes qui répandaient sur les spectateurs une clarté douteuse. Comme Karaghis et ses acolytes sont des ombres chinoises, il fallait qu'il fît complétement sombre. Le cadre tendu de toile grise sur lequel venaient se projeter les personnages occupait l'un des coins du local.

Le polichinelle turc est un mauvais sujet, dont le trait caractéristique est une ridicule propension à l'amour. Tous les autres personnages du drame, jeunes ou vieux, beaux ou laids, sont les objets de sa tendresse. L'inflammable Karaghis ne leur déclare pas toujours ses sentiments dans les termes les plus choisis et il assaisonne ses discours de plaisanteries au gros sel. Le canevas de la pièce était des plus simples, et les broderies manquaient de toute espèce de grâce. Aussi, bien que le public parût prendre grand plaisir aux grossières péripéties du drame, je pus, le lendemain, déclarer en toute franchise à Sid'Ali qu'une première audition avait pleinement satisfait ma curiosité et que je me garderais de remettre les pieds chez Karaghis.

Aussitôt qu'à la fin du Ramadan, les *Echchehoud* ont découvert le disque pâle de la nouvelle lune, on clôt la « grande fête », et la « petite » commence : c'est celle que nous connaissons généralement en Europe sous son nom turc de *Korban Baïram*. Le baïram est pour les musulmans une période de réjouissances universelles; ils sont enchantés d'être sortis du Ramadan et n'en font pas mystère. Levés avec l'aurore, ils savourent leur déjeuner, puis ils revêtent leurs plus beaux habits et, pour peu que leurs moyens le leur permettent, des vêtements neufs. Il arrive souvent que, pour satisfaire à l'usage, le Maure se fasse confectionner tout exprès pour le baïram un costume complet et le revende aussitôt après, à perte, avant même d'avoir pu payer le tailleur.

Pendant la fête, tous les amis de Sid'Ali parurent chez lui avec des vêtements d'apparat plus ou moins élégants. Mais, dès le lendemain, je ne les revis plus qu'avec leurs vieux habits d'avant la fête; et comme jamais un Maure n'a l'idée de ménager ses beaux habits pour les jours de fête, comme il n'a généralement qu'un seul costume à la fois et qu'il le porte, une fois qu'il l'a mis, jusqu'à usure complète, j'en conclus tout naturellement que nos amis s'étaient hâtés de faire argent de leurs atours. Il n'y a pas de peuple au monde qui ait moins que les

Maures le sens de l'épargne et de la prévoyance; ils diffèrent essentiellement à cet égard de leurs voisins les Kabyles, qui poussent ces qualités jusqu'à l'avarice et à la rapacité. Aussitôt qu'un Maure a de l'argent, il le gaspille, puis il fait des dettes à droite et à gauche, et ne pense que rarement à les payer.

La «petite fête» est spécialement la fête des enfants, elle leur tient lieu de Noël ou de jour de l'an. Tous les enfants reçoivent à cette occasion des cadeaux, soit des jouets, soit de l'argent; et ils ne sont pas bien exigeants, car il suffit d'un ou de deux sous pour les transporter de joie. En général, les enfants maures de bonne famille sont de très-gentils enfants, modestes et prévenants, très-différents de certains enfants français qui prennent pour un compliment l'épithète de terribles, et des petits vagabonds arabes, qui, passant leurs journées à polissonner dans les rues, sont stigmatisés par les honnêtes gens sous le nom d'*ulad el Blasa*, fils de la place publique.

Je quittai Constantine quinze jours après

la fin du Ramadan; mais, avant de partir, j'eus le plaisir d'assister à une fête de famille intéressante. Mon ami Sid'Ali, fatigué de voir sa maison être le rendez-vous de tous les pique-assiettes de sa connaissance, s'était décidé à se remarier, et, à la place de sa précédente épouse qu'il trouvait trop âgée, il avait choisi comme compagne la fille du cadi de Constantine, âgée de 12 ans. Naturellement je ne vis pas la fiancée. On ne procéda d'ailleurs pendant mon séjour qu'à la cérémonie religieuse qui unit les époux. Cette cérémonie consiste en la lecture du premier chapitre du Coran, *Fats'ha* ou *Fat'ha*. Rigoureusement le *Fats'ha* devrait être lu en présence des futurs époux. Mais l'usage est qu'ils se fassent chacun représenter pour cette formalité; on se marie toujours par procuration. Les convenances exigent, en outre, que le mariage ne soit consommé que quelque temps, souvent plusieurs mois, après la lecture du *Fats'ha*. Plusieurs Européens en ont conclu que cette lecture correspond tout simplement à nos fiançailles; mais c'est une erreur, car si l'époux mourait dans l'entre-temps, la femme hériterait de ce qui lui revient, absolument comme si l'union conjugale avait dix ans de date. Le jour de la lecture du *Fats'ha*, le fiancé envoie à chacun de ses amis du gâteau, généralement du *mchelvich*, dont j'ai parlé plus haut, ainsi qu'une cruche de *cherbet*, espèce d'eau sucrée aromatisée.

Le soir du mariage, il y avait foule chez Sid'Ali, mais personne ne soufflait mot de la cérémonie: il est aussi inconvenant, aux yeux des Maures, de se livrer sur ce sujet à des congratulations que de s'informer de la santé d'une femme.

Après le *Fats'ha*, la femme reste encore quelque temps chez ses parents. Quand le délai imposé par la mode est expiré, elle est conduite dans la maison de son mari par toute sa parenté, et l'on célèbre une nouvelle fête. Mais celle-là n'est accessible qu'aux dames, car aucun homme n'a le droit de franchir le seuil d'un homme marié. Une dame allemande, qui a assisté à une de ces fêtes à Alger, m'a longuement parlé de tout le luxe qu'on y déploie. La fiancée portait le matin une robe de moire antique blanche brodée d'or, à laquelle succéda plus tard une robe en brocart d'or, et elle avait sur sa personne tous les diamants de la famille. On a l'habitude d'emprunter pour ce jour solennel tout ce qu'on peut se procurer, dans son entourage, de somptueux ou d'élégant. Huit jours après, les amies de la jeune femme viennent reprendre chez elle les objets qu'elles lui avaient prêtés. On prétend que parfois le geai est si bien paré de plumes de paon, que, quand il les a toutes restituées, il ne lui reste plus de plumes du tout sur le corps.

III.

Visite d'un voyageur allemand à l'empereur du Maroc[1].

Comme la promenade que j'avais faite dans la ville mauresque aurait pu me coûter la vie, si mon déguisement avait été découvert, je dus me résoudre à ne pas renouveler l'expérience, ce qui fut, pour mes hôtes, un vrai soulagement, car on n'aurait pas manqué, en cas d'accident, de les inquiéter, eux aussi, comme complices de ma fraude.

Toutefois, il était écrit, paraît-il, que je

1. D'après la relation du baron Henri DE MALTZAN, *Drei Jahre im Nordwesten von Afrika*; 4 vol., Leipsick, 1863, t. IV. La ville mauresque de Maroc étant absolument interdite aux infidèles, M. de Maltzan avait dû se loger dans la ville juive (la *Mellah*), et c'est déguisé en juif marocain qu'il avait fait la promenade à laquelle il fait allusion au commencement de notre article (1858).

ne resterais pas confiné, comme je le craignais, dans le quartier des juifs : mon saint veillait sur moi, j'entends mon saint musulman, Muley Smaïl, le vénérable chef de l'ordre des Derkua, en compagnie de qui j'avais voyagé de Mogador à Maroc. Cet auguste personnage daigna, en effet, me faire une visite dans la Mellah dès le lendemain de mon arrivée. Tout d'abord il ne voulut pas se souiller en franchissant le seuil de mon hôte israélite et manifesta le désir de s'entretenir avec moi dans la rue. Mais les humbles prières de Mocheh et de toute sa famille, qui se traînaient à ses pieds en baisant le pan de son vêtement déchiré, firent condescendre Muley Smaïl à pénétrer jusque dans la cour intérieure. Là, Sidi Mustapha, qui avait accompagné son maître et portait généralement la parole en son nom, m'apprit que le vénérable et silencieux Derkua s'était présenté chez l'empereur, et lui avait parlé, entre autres choses, du cheval et des mulets dont j'avais si généreusement fait hommage au saint personnage. L'empereur, continua-t-il, avait eu beaucoup de peine à comprendre que je me fusse aventuré jusqu'ici, n'étant sous la protection d'aucun consul, et le gouvernement ne pouvant avoir à répondre de ma vie à aucune puissance européenne. Il avait appris avec plaisir le respect dont j'avais fait preuve envers le marabout et exprimé le désir de voir un infidèle qui, malgré les ténèbres qui l'enveloppaient, s'était montré si pieux et si sage.

Comme à la cour du Maroc on n'a pas à demander d'audience aux chambellans ou aux aides de camp, par la raison que ces charges y sont inconnues et que le cérémonial y est encore d'une simplicité primitive, Muley Smaïl me proposa de me rendre tout de suite avec lui au palais de l'empereur. Rien ne pouvant m'être plus agréable, j'aurais peut-être immédiatement accepté, si mon prudent israélite ne m'avait glissé dans l'oreille, en espagnol, que je commettais une grande imprudence en me hasardant, moi, Européen, hors de la Mellah en compagnie de cet homme; car, en admettant même que ses intentions fussent

IV, p. 177.

UNE ESCORTE DE SOLDATS MAROCAINS.

parfaitement droites, il était tellement distrait, tellement absorbé par ses pieuses méditations qu'il ne concentrerait sans doute pas toujours son attention sur ma personne, ce qui était indispensable pour me défendre contre le fanatisme des Maures et des Amasirhs. Je déclinai, en conséquence, le plus poliment possible, l'offre du saint personnage, en lui donnant à entendre, avec tous les ménagements voulus, que si Muley-Abder-Rhaman avait réellement le désir de me voir, il m'aurait probablement envoyé une escorte pour me conduire au palais.

Muley Smaïl se retira, mais me promit de me renvoyer bientôt son serviteur avec des nouvelles qui me seraient agréables. Il ne perdit pas de vue mon allusion à une escorte : quelques heures après, Sidi Mustapha revenait sans le marabout, mais en compagnie d'une vingtaine de soldats déguenillés, qui devaient me conduire au palais impérial.

Mocheh eut un mouvement de terreur quand il vit arriver ces farouches satellites, qui n'eurent rien de plus pressé que de mettre sa maison sens dessus dessous. Aussi, pour éviter au pauvre juif d'autres désagréments, me hâtai-je de donner le signal du départ.

Le palais de l'empereur est, à proprement parler, hors ville, mais il touche aux murailles d'enceinte. Il est séparé des quartiers habités par une vaste esplanade, sur laquelle s'élève la principale mosquée de Maroc, *El Koutoubiah*, et forme en quelque sorte, à lui seul, une ville distincte, qui a ses murailles et ses tours d'observation.

Immédiatement devant le palais se trouve la mosquée *Abd-el-Moumen*, célèbre par les trois globes dorés qui sont superposés au-dessus de sa coupole, et auxquels les habitants attachent une valeur superstitieuse.

La porte qui met la ville proprement dite en communication avec l'enceinte du palais, est, par une véritable bizarrerie, appelée *Bab-er-Roum*, porte des Chrétiens, bien que très-certainement elle ne donne pas passage à l'un de nos coreligionnaires deux fois en cinquante ans. Après l'avoir franchie, on se trouve dans une vaste cour plantée de quelques bananiers et de cactus, et d'où l'on peut jeter un coup d'œil d'ensemble sur le palais. J'estime que l'enceinte fortifiée mesure environ 4,000 mètres de long sur 2,000 de large; mais il s'en faut de beaucoup que tout cet espace soit surbâti : les constructions n'en occupent guère que la huitième partie et sont disséminées à droite et à gauche sous forme de palais, de pavillons, de villas, de kiosques, etc. La résidence de l'empereur se trouve tout près de la porte Bab-er-Roum; c'est une vaste agglomération de bâtiments juxtaposés sans symétrie et suivant les besoins du moment. Plus loin, dans de beaux jardins, s'élèvent les palais de plaisance du souverain, les pavillons des princes de sa maison, les habitations de ses femmes et de celles des princes. Aucune de ces constructions ne m'a paru véritablement monumentale ou grandiose; on semble ne s'être pas préoccupé du tout de l'effet architectonique. Les fenêtres étaient petites et grillées, comme c'est l'usage général pour les maisons arabes. A peine un élégant portique en ogive rompait-il par ci par là la monotonie de l'ensemble.

C'est dans la première cour que je vis pour la première fois les *bokharis*, la garde noire de l'empereur. Comme l'indique son nom, cette garde se composait exclusivement de nègres : son uniforme, en cotonnade jaunâtre, rappelait, pour la coupe, celui des zouaves, moins la coquetterie et la propreté qu'il a, porté par les troupes françaises; ainsi les nègres s'étaient débarrassés de leurs guêtres, de leurs chaussettes et de leurs bottines, qu'ils trouvaient peu commodes, et portaient de simples babouches en maroquin jaune. Vus de près, ces soldats avaient un air passablement sale et déguenillé. Pourtant ils se distinguent avantageusement de l'infanterie de ligne, dont les soldats, vêtus de lambeaux, ressemblent plus à des mendiants qu'à des militaires; ce qui complète la ressemblance, c'est qu'ils sont constamment à tendre la main, et qu'au besoin, ils ne se font nul scrupule de marauder. La garde nègre est armée de vieux fusils à silex, qui doivent être assez inoffensifs pour l'ennemi. Soit mauvaise qualité de l'arme, soit maladresse des chargeurs, on m'a affirmé que ces fusils faisaient long feu deux fois sur trois et tuaient beaucoup plus de monde parmi ceux qui les maniaient que dans les rangs de leurs adversaires.

Deux de ces noirs montaient la garde devant la porte, tandis qu'une troupe d'autres étaient accroupis dans l'avant-cour autour d'une grande gamelle pleine de couscous qu'ils étaient occupés à manger avec les doigts. Les plus jeunes avaient un air légèrement idiot; un sourire bête semblait stéréotypé sur leur visage. Les vieux n'étaient pas plus beaux, mais au moins ils n'avaient pas la même naïveté imbécile. J'avoue, du reste, franchement qu'il n'y a pas d'animal au monde que je trouve plus laid que des hommes dont la figure trahit la dégradation intellectuelle et morale; ces nègres-là me firent, à cet égard, une impression tout particulièrement désagréable. On les dit très-fanatiques; je ne tardai pas à en avoir une preuve.

En effet, dès que ces fervents sectateurs

du prophète aperçurent le disciple du marabout, ils s'approchèrent de lui et lui demandèrent où se trouvait le grand Muley Smaïl, qui nous avait donné rendez-vous dans cette cour pour nous introduire auprès de l'empereur. Le saint personnage ne tarda pas à faire son apparition. Aussitôt les nègres, s'avançant avec tous les signes du plus profond respect et baisant le bas de sa robe, le supplièrent de daigner prendre part à leur repas. Mais une collation moins vulgaire attendait Muley dans l'intérieur du palais, de sorte qu'il déclina leur politesse. Alors, pour ne pas perdre complétement, pour le salut de leurs âmes, le bénéfice de sa présence, ils placèrent devant lui l'écuelle de couscous et lui demandèrent très-humblement de la bénir, ce à quoi il consentit sans se faire trop prier. Mais je vous donne en cent de deviner sous quelle forme le marabout octroya cette bénédiction si ardemment souhaitée : il cracha dans l'écuelle, et aussitôt les nègres se mirent à brasser le contenu, afin que chaque grain de riz eût sa petite part de la sainte salive, puis ils se jetèrent dessus avec avidité, et en un clin d'œil le vase fut vidé.

Avant de pénétrer dans le palais, nous devions voir le marabout accomplir une seconde pratique religieuse : les bokharis le prièrent instamment de consentir à se rendre auprès d'un des leurs, qui était malade, afin de le soulager de ses maux par la vertu miraculeuse de son contact. Bien que Muley Smaïl eût préféré continuer son chemin, il ne crut pas pouvoir opposer à leur insistance une fin de non-recevoir, et nous nous rendîmes tous à l'hôpital militaire, qui se trouvait à deux pas de la grande porte. Ce que l'on décorait du nom d'hôpital se réduisait à une longue salle absolument dépourvue de meubles et qui ressemblait plus à une prison qu'à une chambre de malades. Point de lits, rien qui pût soulager le patient ou lui permettre de prendre une posture commode. Le sol tout nu, telle était la couche du pauvre diable que nous allions voir et qu'une vieille chemise garantissait à peine des intempéries. Sa maladie était des plus repoussantes et lui avait déjà rongé le nez, ainsi qu'une partie des joues. Voici, pour ce cas désespéré, en quoi consista la médicamentation du marabout. Il écrivit à l'aide d'un bout de roseau un verset du Coran sur une de ces planchettes qui, dans les écoles arabes, tiennent lieu de nos ardoises. Puis on lava avec de l'eau l'encre qui venait d'être ainsi employée, jusqu'à ce que toute trace d'écriture eût disparu, et on força le malheureux nègre à boire cette eau : les paroles sanctifiantes du Coran, prises ainsi comme remède interne, devaient infailliblement amener la guérison. J'appris plus tard que ce traitement était fréquemment prescrit par de vénérables marabouts.

Au reste, ce nègre-là était le seul malade de l'hôpital, ce qui témoigne tout à la fois de la salubrité du climat de Maroc et de l'excellence du régime des troupes marocaines.

Après cette cérémonie, qui n'avait pas peu contribué à l'édification de l'assistance musulmane, nous pûmes, enfin, continuer notre chemin vers l'intérieur du palais. De l'avant-cour, nous arrivâmes dans deux autres cours plantées d'orangers et de bananiers, et qu'on désignait pour ce motif sous le nom de *Djenaïn*, les jardins : le Jardin de la santé et le Jardin du palmier. Puis nous traversâmes trois cours bordées de casernes et d'écuries à l'usage de la garde nègre, de la cavalerie impériale et de divers officiers subalternes. La cour du milieu, appelée par excellence la Cour (*Mejouhar*), était celle où l'empereur a coutume de donner presque chaque jour, de grand matin, ses audiences publiques. Elle rappelait les cours des grands caravansérails et ne se distinguait par rien de remarquable ni d'imposant.

La cour suivante, au contraire, est entourée d'une élégante colonnade. Nous y trouvâmes une autre partie de la garde nègre, l'élite du corps, autant qu'il me parut d'après son uniforme plus soigné et la fierté de ses allures. De cette cour, on arrive à celle des aides de camp, si tant est qu'on puisse donner ce titre honorifique à une vingtaine de grands drôles en costume de bédouins et au regard farouche qui se tenaient dans un petit pavillon au milieu de la cour. Nous attendîmes là assez longtemps sans que les aides de camp parussent nous accorder grande attention. Enfin, un vieux Maure, à l'air respectable, nous fit entrer dans l'antichambre, et, de là, dans le Jardin des roses, qui renferme deux pavillons. C'est dans l'un des deux que se tenait habituellement l'empereur après l'audience publique. Cette construction faisait honneur à la simplicité de ses goûts, car les murs étaient en brique toute nue et quelques carreaux en faïence de couleur en égayaient seuls l'extérieur. A la porte, le vieux Maure qui faisait l'office de chambellan, me donna à entendre que je devais me déchausser; ce qui fut l'affaire d'un instant, car je n'avais mis, exprès pour cela, que des babouches marocaines, sous lesquelles je portais, selon la mode turque, de minces brodequins en cuir sans semelles. J'espérais qu'on me permettrait de garder ces brodequins, comme on le fait dans les palais ou les mosquées de Constantinople et du reste de l'Orient, ces chaussures sans semelles étant plutôt des bas que des souliers. Mais les Maures, moins civilisés, étaient sur ce point beaucoup plus scrupuleux que les Turcs. Ils ne tolèrent pas qu'un mortel admis à l'honneur de comparaître en la sainte présence du successeur des kalifes d'Espagne se permette de conserver aux pieds aucune enveloppe en cuir, et force me fut de m'en dépouiller; j'avais encore, il est vrai, des chaussettes de fil, ce qui, même sur des dalles froides, valait mieux que d'aller nu-pieds, comme j'avais dû me résoudre à le faire la veille, quand je parcourus la ville mauresque déguisé en juif.

L'intérieur du pavillon était aussi simple, ou, si l'on veut, aussi nu que l'extérieur. Quelques glaces européennes ornaient les murs; mais, à part cela, il n'y avait aucune espèce de meuble. Le sol, carrelé en damier de marbre blanc et noir, était recouvert, dans une moitié de la salle, par une double natte en paille, sur laquelle se tenait la cour. Dans un coin était assis, non pas à la mode turque, mais les genoux en l'air, un vieillard à barbe blanche, extrêmement ridé, ayant le nez camus, les lèvres épaisses, le teint olivâtre des quarterons et de petits yeux étincelants : c'était Muley-Abder-Rhaman, le commandeur des croyants, le souverain temporel de 8 millions de Marocains et le chef spirituel de tous les musulmans du rite des *Malékis,* c'est-à-dire de presque tous les musulmans de l'Afrique septentrionale. Autour de lui, sur la même natte, se tenaient assis, couchés ou accroupis, les grands de l'empire, au nombre d'environ quarante, pour la plupart des hommes âgés, à barbe blanche. L'empereur, par un geste presque imperceptible, m'invita à m'asseoir également sur la natte, toutefois à distance respectueuse. Je m'inclinai profondément et j'obéis. Quant au marabout, il alla droit au souverain, lui prit sans façons la main, puis baisa la sienne à la place qu'avaient touchée les doigts du prince; — c'est le salut habituel des Arabes. En général, il me sembla qu'on ne se piquait pas, en présence du monarque, d'un respect ou d'une contrainte exagérés. Le cérémonial que décrit Hœst, et d'après lequel les Européens admis à l'audience seraient retenus, de chaque côté, par des chambellans, aux pans de leur habit, de peur d'être tentés de s'approcher un peu trop, fut laissé complétement de côté, du moins en ce qui me concerne. L'assemblée avait le caractère de gravité tranquille propre à toutes les assemblées de musulmans, surtout de religieux, et il ne faut pas perdre de vue que l'empereur du Maroc est avant tout un grand dignitaire religieux. A notre entrée, personne ne sembla faire attention à nous, bien que l'apparition d'un Européen à la cour du Maroc soit chose excessivement rare. Mais cette indifférence apparente était commandée non-seulement par l'étiquette de la cour, mais encore par le sentiment vulgaire des convenances : un Arabe sait toujours maîtriser son étonnement ou sa curiosité, tout comme ses autres impressions. « Que ton visage soit un tombeau fardé », telle est la règle de conduite des Arabes et des Turcs.

Lorsque nous fûmes assis (et je dois rendre à Muley Smaïl la justice qu'au lieu de me laisser tout seul au milieu de la salle, il eut la gracieuseté de venir se mettre près de moi), l'empereur reprit une conversation qu'il avait engagée avec l'un de ses plus proches voisins. Pour le moment, on ne s'occupa pas plus de nous que si nous n'eussions pas été dans la salle. On ne nous offrit ni café, comme c'est d'usage chez tous les musulmans, ni thé, comme c'est spécialement la coutume dans le Maroc, ni pipes, le respect dû à l'empereur ne permettant pas qu'en sa présence personne fumât ou prît du café ou du thé : le contraire aurait été taxé à la cour de Muley-Abder-Rhaman de haute inconvenance, sinon de crime de lèse-majesté. Les Turcs et les Arabes de l'Orient, qui ont toujours la pipe à la bouche, ne comprennent rien à l'abstinence pleine de dignité que s'imposent à l'égard du tabac et des boissons les Arabes de l'Ouest.

Après que l'empereur eut achevé son colloque, il se fit un long silence que personne ne se permit de rompre, l'étiquette prescrivant, chez les musulmans comme chez nous, qu'en présence d'un souverain, on se borne à parler lorsqu'il vous adresse la parole.

Enfin, Muley-Abder-Rhaman parut se souvenir que j'étais là, et il me fit une courte question sur mon voyage. L'empereur, en me parlant, ne se servit d'aucun interprète. Mais ses paroles m'étaient chaque fois répétées par le marabout, qui, lorsque le prince m'interrogeait et que je répondais, faisait la navette entre nous deux.

Par respect pour l'étiquette, je répondis aussi brièvement que possible. Après une pause, l'empereur me fit une seconde question. Réponse de ma part et pause plus ou moins longue. Toute l'audience se passa ainsi. Cela n'était pas particulièrement animé ; mais je ne pus m'empêcher d'être frappé de la dignité, de l'austérité qui caractérisaient l'assemblée. Ces mœurs patriarcales, cette absence complète d'apparat, cette simplicité extrême, j'allais dire cette pauvreté dans tout ce qui touche au confort ou au bien-être, l'attitude à la fois grave et réservée des assistants, la dignité sans nulle emphase du souverain lui-même, tout cela contrastait avantageusement avec la soif de plaisirs, avec le luxe excessif qui se rencontrent si souvent dans les cours européennes. Comme Européen, je ne pouvais m'empêcher de plaindre l'empereur et sa cour d'être aujourd'hui en pleine décadence au point de vue politique, et fort en retard en matière de civilisation. Mais j'étais forcé de m'incliner avec respect devant cette gravité de bon aloi, devant cette noblesse et cette simplicité d'allures.

Les quelques questions que m'adressa Muley-Abder-Rhaman prouvaient son ignorance radicale et la naïveté enfantine de ses conceptions. Il n'avait aucune idée des gouvernements européens ni de leur constitution. Ainsi, il paraissait imbu de cette pensée que la République française de 1848, dont le nom était arrivé jusqu'à lui, et dont il voyait l'image sur les monnaies, était une femme « en chair et en os ». Cela posé, la question qu'il me fit était assez naturelle; il me demanda si j'avais vu la *Boublique* (la République française), si le souverain actuel de la

France l'avait épousée, et si c'est cette dame qui lui avait transmis le pouvoir. L'empereur avait aussi entendu parler de l'Angleterre et de son ministre lord Palmerston, et il me demanda si Palmerston n'était pas le mari de la reine Victoria. Bien que ces deux questions m'eussent donné une terrible envie de rire, je réussis à me contenir et à garder un sérieux imperturbable. J'évitai, dans mes réponses, de dire un seul mot qui pût mettre en évidence la touchante ignorance du prince des croyants, et j'eus l'air de prendre ses paroles pour «de l'or en barres». Je répondis de mon mieux en paraphrasant ses questions: l'étiquette ne m'aurait d'ailleurs pas permis la moindre allusion aux erreurs du monarque.

Muley-Abder-Rhaman était vêtu avec une extrême simplicité. Son costume, d'une blancheur immaculée, tenait à la fois de celui des Maures du Maroc et des Bédouins. Pardessus le caftan des Maures, il portait deux *silhams* (espèce de burnous) en laine, et, autour de la tête, le *haïc* arabe, avec la *brima* (corde en poil de chameau). Ce costume différait de celui des Maures en ce qu'au lieu de se servir de son haïc comme d'un manteau, l'empereur avait des *silhams*, et de celui des Bédouins en ce qu'il portait un beau caftan en drap blanc, vêtement que les nomades ne mettent jamais. Mais le mélange des deux costumes me parut fort heureux et bien approprié à sa personne : le costume mauresque passe pour plus civilisé, le costume bédouin pour plus guerrier; le mélange des deux doit réunir les avantages de l'un et de l'autre.

Muley-Abder-Rhaman ne me congédia pas, selon la règle des cours européennes, où c'est le souverain qui donne le signal de la levée de l'audience.

J'aurais pu rester assis là, *ad infinitum*, si cela m'avait fait plaisir. Mais, bien qu'il s'en fallût de beaucoup, je n'osais guère m'en aller de moi-même, sans un motif pressant en apparence; car je savais que sur ce point l'usage des cours orientales est diamétralement contraire à celui des nôtres : on regarde ou l'on doit regarder comme un si grand bonheur le privilége d'être admis en la présence du souverain, que la politesse exige qu'on cherche à prolonger ce bonheur le plus possible. Le sultan vous congédiât-il, qu'on n'en devrait pas moins rester à sa place : c'est en se tenant obstinément auprès du monarque qu'un courtisan habile témoigne de la manière la plus expressive quel prix inestimable il attache à la faculté de l'approcher.

En Europe, les souverains renvoient généralement leurs visiteurs après une audience de cinq minutes, et l'on ne provoquerait que le rire si l'on feignait de ne pas remarquer le gracieux petit signe de main qui vous met à la porte ou si l'on n'y obtempérait pas. Au Maroc, au contraire, où un semblable signe n'est jamais qu'un acte de pure politesse de la part du prince, on témoigne son respect en n'en tenant nul compte : le prince est reconnaissant des marques de déférence qu'il reçoit du plus mince personnage et n'est pas aussi pressé de se débarrasser de lui.

Il ne pouvait donc être question que je prisse congé moi-même. Aussi me résignai-je à rester assis à ma place et à passer ma journée d'une façon, hélas! bien monotone. Après quatre ou cinq questions, Muley-Abder-Rhaman avait cessé de s'occuper de moi et était entré en conférence avec un chef des Amasirhs qui venait d'entrer.

Heureusement, cette fois encore, mon marabout me tira d'embarras. Il lui vint subitement à l'esprit d'aller visiter une mosquée. Il fit part de son dessein à l'empereur, qui le congédia gracieusement avec un : « *Themsa ala kheïr* », c'est-à-dire, je vous souhaite une agréable soirée; c'est la formule d'adieu usitée à partir de midi, et il était à peu près cette heure-là.

Le chef de l'ordre des Derkua se rendit à la mosquée la plus voisine du palais pour y prononcer les prières de midi.

Pendant ce temps, je l'attendis dans le Mejouhar, au milieu d'une troupe de soldats noirs, qui me regardaient avec de grands yeux sans autrement m'importuner. Quand le marabout eut fini sa prière, il revint auprès de moi et me dit qu'il convenait que j'allasse faire ma cour à l'héritier présomptif de la couronne, Sidi Mohamed (l'empereur actuel), à son frère Muley Abbas et à une série d'autres princes de la famille impériale. Il ne pouvait pas, me dit-il, m'accompagner dans ces visites-là, mais il me donnerait son serviteur qui, avec un officier de la cour, me conduirait chez tous les princes. Le serviteur en question était le factotum du marabout, Sidi Mustapha, dont j'ai déjà parlé plus haut. Quant à l'officier de la cour, c'était un aimable homme d'une cinquantaine d'années, nommé Hadj' Ibrahim. J'étais naturellement prêt à toutes les démarches qui pouvaient fournir un aliment à ma curiosité de touriste: je ne fis donc pas la moindre objection, et Muley Smaïl me quitta.

Mais, un instant après, il revint sur ses pas, avec quelque vivacité, comme s'il avait oublié quelque chose. Il avait, en effet, une communication importante à me faire, au sujet des présents que je devais offrir à l'empereur. Je n'étais, il est vrai, ni un consul, ni un personnage officiel. Mais nul Européen ne peut se présenter à la cour du Maroc sans apporter des cadeaux. Je m'étais muni, à cet effet, d'une belle pendule, d'une paire de révolvers anglais et de soieries de Lyon, que j'avais fait venir de Gibraltar. Toutefois tout cela ne pouvait constituer que mon présent d'arrivée. Je savais, qu'à mon départ, j'aurais à en faire un second, et je tenais en réserve un châle français, plusieurs statuettes de bronze, un magnifique encrier, deux badines et un couteau de poche à vingt lames.

Muley Smaïl me fit observer que l'empereur verrait avec plaisir que j'envoyasse mes présents tout de suite, l'usage étant de les offrir immédiatement après la première audience. Je décidai, en conséquence, par une gratification, quelques soldats à se rendre au quartier des juifs pour les aller chercher : un officier, que je n'oubliai pas dans mes générosités, voulut bien les accompagner. Au bout d'une demi-heure, les soldats revinrent avec les objets en question et allèrent les déposer dans la salle d'audience de l'empereur. Muley Smaïl s'y rendit en même temps et resta auprès du monarque.

Le lendemain, il me dit que ma pendule avait fait grand plaisir au sultan, mais que, comme les révolvers n'avaient pas de pierre, il ne pouvait pas s'en servir. En somme, mes présents n'avaient pas fait une impression tout à fait favorable, et l'on s'attendait à ce que ceux du départ n'en seraient que plus beaux.

Aussitôt après avoir envoyé mes présents à l'empereur, je m'étais mis en route avec Sidi Mustapha et Hadj' Ibrahim. Nous visitâmes successivement l'héritier présomptif, Sidi Mohamed, qui me parut fort éloigné de partager les goûts d'austérité de son auguste père; Muley Abbas, qu'à raison de ses qualités distinguées, on a quelquefois appelé, depuis l'avénement de son frère, le grand-duc Constantin du Maroc, par allusion à la famille impériale de Russie; enfin, deux autres fils de l'empereur, dont la mère était une négresse et qui avaient hérité de son teint.

Sur ces entrefaites était arrivée l'heure des prières de l'après-midi, auxquelles mon guide désirait assister, de sorte que j'interrompis mes visites. Je n'étais, du reste, pas fâché de cette circonstance. Car il faut faire des présents non-seulement à l'empereur, mais encore à tous les princes chez lesquels on est admis ; et comme mes quatre visites avaient déjà fait une assez forte brèche à mes provisions, j'espérais, une fois rentré chez moi, pouvoir me dispenser d'aller voir les autres membres de la famille impériale.

Pour le retour du palais dans le quartier des juifs, je fus escorté, comme à l'aller, par Sidi Mustapha, qui avait lestement expédié ses prières, et par vingt soldats. A la maison, Mocheh avait préparé, naturellement à mes frais, un repas, sur lequel les soldats se ruèrent littéralement comme des vautours. Sidi Mustapha fit d'abord quelques façons pour se mettre à table chez un infidèle, mais les humbles supplications du juif finirent par le désarmer, et il se mit aussi à dévorer comme un affamé.

La manière de manger des Marocains est, du reste, fort curieuse à observer. Ils mettent la main dans le plat et prennent une poignée de riz ou de couscous. En cela, ils font ce que font tous les Arabes. Mais voici où commence la différence. Le plus simple, sans doute, serait de porter immédiatement à sa bouche la nourriture que l'on tient dans sa main. Mais en procédant ainsi, on se rendrait coupable d'une grave atteinte aux règles de la civilité puérile. On doit commencer par rouler la nourriture entre ses doigts et en faire une boulette. Il est alors permis de la manger, mais à la condition de ne pas la porter directement à sa bouche : il faut l'y lancer adroitement avec la main. Plus on sait écarter, pour cette opération, la main de la bouche, plus on est réputé un homme comme il faut. Jamais je n'ai vu un Marocain lancer sa boulette de travers, ainsi que cela arrive neuf fois sur dix à un Européen qui s'essaye à ce tour d'adresse. Sidi Mustapha m'exprima en termes bien sentis combien il regrettait que je ne susse pas manger de la manière qui, à ses yeux, était la seule convenable. Se servir d'une fourchette lui paraissait un péché : la nourriture se trouvait transpercée, et cela rappelait l'idée de meurtre. Au reste, cet usage de lancer la nourriture sous forme de boulettes dans la bouche, est spécial aux parties méridionales de l'empire et à quelques tribus isolées du Sahara. Dans le Nord, on suit la mode algérienne, qui consiste à manger tout simplement avec les doigts.

Il me restait encore un mauvais quart d'heure à passer : le quart d'heure de Rabelais; je devais apprendre à mes dépens que les visites à l'empereur constituent pour tout son entourage une assez jolie source de revenus. L'honneur de voir le commandeur des croyants ne saurait être payé trop cher, et ce n'est pas seulement par des présents au souverain qu'il faut le payer, mais encore par des dons à chacun de ceux qui remplissent une charge à la cour. Il n'y a pas moyen de se soustraire à cet impôt. Un des officiers du palais nous avait suivis dans la Mellah, et, à notre arrivée, me présenta une liste sur laquelle figuraient tous ceux qui avaient un droit à exercer sur ma bourse, avec l'indication de la somme à laquelle ils pouvaient prétendre. Cette liste, si agréable pour moi, ne présentait aucun ordre dans le classement des fonctionnaires : les noms de mes voleurs s'y suivaient pêle-mêle. Je savais bien que les ambassadeurs et les consuls étaient exposés à ce genre d'exaction et qu'ils étaient parfois obligés de « se saigner aux quatre membres », après une visite à l'empereur. Moi, j'aurais dû, n'ayant aucun caractère officiel, échapper au pillage. Mais il me fallut m'exécuter. En effet, on pose en principe, au Maroc, qu'aucun Européen ne rechercherait l'honneur d'être présenté à l'empereur s'il n'y avait un intérêt direct. Cet intérêt, qui peut être très-réel pour des commerçants qui viennent traiter leurs affaires avec l'empereur, un peu commerçant lui-même, mais qui est tout à fait imaginaire pour les simples touristes, il faut que chacun le paye aux prix du tarif.

En tête de la liste se trouvaient les noms

de trois officiers de la garde noire; puis venaient vingt simples gardes, qui avaient été de service le matin de ma coûteuse audience, et le *Muley el Mejouhar,* ou surveillant de la grande cour du palais : chaque officier réclamait 20 onces (l'once vaut environ 32 centimes), chaque soldat 10, et le surveillant 40. Le surveillant de la cour intérieure et l'agha des troupes exigeaient 20 onces. Bref, le relevé comportait une quarantaine de personnes qui demandaient toutes des sommes plus ou moins fortes. Quoique ma bourse en saignât, je ne pus m'empêcher de rire de quelques-unes de ces prétentions. Ainsi je trouvai sur la liste : le cuisinier de la cour, le porte-lance de l'empereur, l'officier préposé à son thé, le maître de la garde-robe, le premier valet de chambre, le barbier, le porte-tasse, le baigneur, le porte-flambeau, etc. Chacun de ces hauts dignitaires réclamait 15 onces. A la fin se trouvaient les grands officiers de la couronne, le garde des sceaux, le trésorier, le secrétaire intime, chacun pour 100 onces, puis le *khalifa el asker,* lieutenant de l'empereur près l'armée, pour 200 onces. Je ne m'expliquais guère ce que ce général en chef avait fait pour mériter de moi un cadeau de 65 fr., et je me posais la même question quant au cadi, au muphti et à l'imam, que je ne connaissais même pas de vue et dont j'ignorerais sans doute encore l'existence s'ils n'avaient pris soin de me la révéler par leurs exigences. Tout au plus comprenais-je que les surveillants des cours tendissent la main : ils pouvaient au moins se prévaloir d'avoir daigné me laisser passer, et l'on n'est pas surpris de voir un portier demander de l'argent....

Le total de cette petite facture se montait à la bagatelle de 4,000 onces, environ 1,200 francs.

Si acide que me parût la pomme, il me fallut bien me résigner à y mordre. Je me consolai un peu en me rappelant que la «*famiglia del Papa*», c'est-à-dire les serviteurs de Sa Sainteté, réclament, avec le même sans-gêne, des pourboires des personnes admises à l'audience du Saint-Père. Il aurait été non-seulement impolitique, mais encore dangereux de ne pas me soumettre à un impôt qu'avaient acquitté, bon gré, mal gré, tous les voyageurs qui m'avaient précédé ici. J'essayai de marchander un peu sur le total, avec l'aide de mon hôte israélite, qui s'y entendait à merveille; mais l'éminent personnage qui m'avait apporté la liste ne voulut entendre à rien et ne s'en alla qu'après avoir palpé jusqu'à la dernière once la somme indiquée.

Toutefois on se tromperait en pensant que j'étais arrivé par là au terme de mes sacrifices : j'étais à peine à moitié chemin. D'abord, les soldats de l'escorte se mirent à crier après de l'argent exactement comme les grenouilles dans un marais coassent pour avoir de la pluie : il m'en coûta 10 onces par homme, ci, plus de 60 fr. Enfin, je me trouvai en présence d'une réclamation inattendue, ou, pour mieux dire, encore inattendue, qui, pour venir la dernière, ne fut ni la moins pressante, ni la moins ruineuse pour ma pauvre bourse. Elle émanait, je vous le donne en cent, du grand marabout Muley Smaïl, que la sainteté de son caractère n'empêchait pas d'éprouver pour l'argent une passion toute profane.

J'avais acquitté, dès le lendemain de mon arrivée, la somme dont j'étais convenu avec le chef des Derkua, comme prix de l'efficace protection qu'il s'était engagé à m'accorder jusqu'à Maroc. Mais cela ne suffisait pas au marabout, et il avait chargé Sidi Mustapha de m'extorquer un supplément d'honoraires pour m'avoir introduit à la cour. Mustapha s'acquitta de ce message, tout en joignant ses propres prétentions à celles de son maître.

D'abord il affecta quelque timidité : il ne s'agissait que d'une bagatelle. Mais cette bagatelle, cet atome, ce rien ne tarda pas à prendre un corps et finit par se manifester sous forme d'une demande de 80 piastres espagnoles pour chacun d'eux (la piastre vaut environ 5 fr. 40 c.). J'étais sur des épines. Pour peu que cela continuât ainsi, mon voyage au Maroc allait se résumer en un long pillage; peut-être même manquerais-je des ressources nécessaires pour le retour, car j'étais presque au bout de mes fonds. Heureusement Mocheh trouva moyen de m'en avancer; cela me sauva. Car j'aurais couru un danger réel en refusant à Muley Smaïl et à son acolyte la somme qu'ils exigeaient : mon retour aurait été semé de périls. Je m'exécutai donc tout en faisant intérieurement la grimace; aussi bien n'était-ce pas la première fois qu'on m'exploitait ainsi, et dans cette circonstance j'eus au moins la satisfaction d'acheter complétement les bonnes grâces du marabout. Mustapha lui-même sembla me porter dans son cœur, et poussa la gratitude jusqu'à me promettre de me faire assister à une réunion de son ordre, ce qui, de la part d'un religieux du Maroc, était une preuve de tolérance tout à fait inouïe. Je crois bien être le premier Européen à qui semblable offre ait été faite, et je lui dus de pénétrer le lendemain pour la seconde fois dans le quartier mauresque, ordinairement interdit aux chrétiens.

AMÉRIQUE.

AMÉRIQUE.

I.

Les Cataractes de Shoshone.

Jusqu'à présent l'on regardait généralement les cataractes du Niagara comme les plus belles et les plus grandioses de l'univers. Récemment un détachement de cavalerie des États-Unis, chargé de sévir contre les Indiens du territoire d'Idaho, au nord-ouest de la région occupée par les Mormons, près du grand lac Salé, fut amené à découvrir des cataractes encore absolument inconnues, mais dont la réputation grandira rapidement, si nous en croyons la description qu'en a donnée à son retour l'un des officiers de l'expédition[1].

« Nous étions, dit-il, depuis quelque temps à la poursuite de bandes hostiles d'Indiens *Seneques*, qui occupent les confins du désert; nous avions déjà parcouru une grande partie des rives du fleuve Seneque, les montagnes Goose-Creek et toute la région arrosée par l'Owyhee, lorsque les trappeurs et les guides, qui seuls fréquentent cette immense étendue de territoire, nous donnèrent, par leurs récits, le désir de découvrir la position d'une cataracte formée par le Seneque et dépassant de beaucoup, d'après eux, ce que l'on connaît de plus majestueux dans ce genre : ce grand fleuve, resserré entre deux parois de rochers, devait bondir tout entier par-dessus le granit et former une chute de plus de cent pieds de haut.

« Nous étant munis de provisions pour plu-

1. Nous empruntons les éléments de ce récit à un article publié par la *Revue britannique* au mois d'août 1868.

sieurs jours, nous partîmes du fort Winthrop et, pendant deux journées entières, nous nous dirigeâmes droit au nord sans rien rencontrer que des broussailles et ces interminables tapis de sauge (*sage-brush*) dont la sombre verdure attriste le paysage. Sur le Rock-Creek, dans la matinée de la troisième journée de marche, nous eûmes enfin le bonheur d'aviser une habitation, celle du garde-station des diligences du lac Salé. Ce solitaire, réservé comme le sont tous les solitaires, ne put ou ne voulut pas nous donner des renseignements bien précis sur la cascade que nous cherchions. Pourtant, à force de questions, nous apprîmes de lui qu'elle devait se trouver à peu près à quinze milles au nord, que surtout la nuit on percevait distinctement les vibrations qu'elle produisait dans le sol, et que, par certains vents, on entendait même le bruit lointain de la chute. Nous pûmes vérifier nous-mêmes, dès la nuit suivante, ces deux derniers faits.

« Sur ces renseignements vagues, nous nous remîmes en route, nous rapprochant de plus en plus des montagnes du Saumon[1], dont la chaîne, argentée par les neiges éternelles, fermait l'horizon au nord. Cette partie de notre excursion fut moins gaie que la première : la chaleur et une poussière fortement alcaline nous étouffaient; les sauges, à hauteur d'homme, opposaient un sérieux obstacle à la rapidité de notre marche; enfin, pourquoi ne l'avouerais-je pas? nous commencions à craindre d'avoir perdu la piste et de nous être égarés dans ces affreuses solitudes dont le serpent à sonnettes et le crapaud cornu semblent être les seuls habitants. Toujours est-il que nous avions complétement perdu l'écho de la cataracte, qui, par moments, nous assourdissait à Rock-Creek.

« Nous avancions toujours, cependant, silencieux et mornes, n'osant pas émettre de soupçon décourageant, quand tout à coup nous nous trouvâmes au bord d'un précipice

1. Sur certaines cartes, ces montagnes sont appelées *Montagnes de Salomon* ou *du fleuve Salomon;* elles s'étendent dans le territoire de Washington de l'ouest à l'est, et se relient à peu près à angle droit aux montagnes Rocheuses.

de mille pieds de profondeur au fond duquel le fleuve brillait comme un ruban d'argent; et, à un quart de mille de là, une colonne de vapeur blanche et transparente décelait la place probable de la cataracte.

« En suivant le courant, nous découvrons une pente tapissée de brome qui nous permet de gagner les bords du fleuve; nous y laissons nos chevaux avec un domestique, et nous poursuivons à pied, sur un terrain encombré de broussailles et dont les incessantes trépidations nous révélaient seules à ce moment la proximité de la cataracte.

« La descente devenant de plus en plus difficile à cause de la forte inclinaison du sol, nous marchons pendant quelque temps à reculons en nous retenant aux genièvres qui y croissent en abondance. Parvenus à un petit plateau, nous nous retournons pour prendre haleine, et, sans aucune espèce d'avertissement, la cataracte est là, s'étalant à nos regards dans son imposante majesté.

« Un heureux hasard nous avait conduits précisément à l'endroit d'où la vue est le plus complète. Le fleuve, large de 150 mètres, arrive lentement de l'est, entre deux murailles de rochers, s'étale tout à coup en éventail sur un développement de 800 mètres et se trouve divisé en plusieurs chenaux par d'immenses colonnes de pierre dont la cime noircie se dresse au-dessus de l'écume blanche. Chacun de ces chenaux conduit à une chute de 10 mètres, après quoi le fleuve, reprenant son cours, tombe encore de 20 mètres par sept marches de basalte.

« Mais ce n'est là que la moitié du spectacle merveilleux que nous avions sous les yeux. A peine le fleuve a-t-il repris sa pente normale et ses allures paisibles dans un lit rétréci de moitié, que le sol lui fait défaut et que la masse entière se précipite d'un seul bond dans un abîme de plus de 60 mètres. C'était là la grande cataracte elle-même, celle qui réalisait tout ce que notre imagination avait pu concevoir de plus grandiose.... Au milieu de ce tourbillon, sur le bord de la chute, se dresse une colonne de basalte au sommet de laquelle un couple d'aigles avait bâti son nid et élevait ses aiglons.

« Après avoir donné une heure à l'admiration, nous songeâmes à continuer notre descente. Une piste faiblement tracée sur la surface presque perpendiculaire du rocher nous conduisit à un étroit passage à travers lequel il nous fallut ramper. De l'autre côté, des murs formés de colonnes de basalte rappelaient d'une manière frappante la chaussée des Géants en Irlande. Après nous être laissés glisser d'une hauteur de 3 mètres, nous atteignîmes une petite pelouse verdoyante, d'où nous n'eûmes plus aucune peine à gagner le bord même du fleuve à 30 ou 40 mètres en aval de la cataracte. C'est de là qu'en levant les yeux nous pûmes mesurer la hauteur prodigieuse des chutes de Shoshone; mais, en un instant, nous fûmes tellement transpercés par la vapeur d'eau qui nous enveloppait qu'il nous fallut renoncer à une longue contemplation. »

II.

L'Amérique russe, ses productions et ses habitants[1].

Le rectangle connu sous le nom d'Amérique russe qui forme l'extrémité nord-ouest du continent américain n'a guère été exploré par les navigateurs qu'à partir de la seconde moitié du dix-huitième siècle. Le premier qui y ait abordé est l'illustre Danois Vital Behring, en 1741.

Trente-sept ans plus tard, Cook, ayant doublé la pointe la plus méridionale de l'Amérique, entreprit de revenir en Angleterre

1. Rédigé d'après les données fournies par un long article du *C. Monthly Magazine*, traduit par la *Revue britannique*, en 1867, t. VI, p. 1-42, et d'après un article du *Moniteur universel* du 20 juillet 1868.

en contournant son extrémité septentrionale et de résoudre ainsi la fameuse question du passage au nord-ouest. Bordant de près la côte, il découvrit une profonde échancrure à laquelle on a depuis donné le nom d'*Entrée de Cook* et qu'il espérait devoir être le passage cherché. Il reconnut bientôt son erreur, côtoya la longue presqu'île d'Aliaska, franchit l'espèce de chaîne que l'archipel des îles Aléoutiennes forme entre le Kamtchatka et l'Amérique et, après avoir passé le détroit de Behring, explora la côte septentrionale du continent américain jusqu'à ce que, vers le 164e degré de longitude ouest, il fût venu se heurter contre une impénétrable barrière de glace et se vît forcé de rentrer dans l'océan Pacifique.

Ce n'est que plus d'un demi-siècle après que d'autres navigateurs anglais, dont les noms, comme celui de Cook, appartiennent à l'histoire, Beechey, Franklin, Dease et Simpson, etc., achevèrent de déterminer la configuration de la côte septentrionale de l'Amérique russe, au prix d'efforts surhumains et de souffrances dont le récit est dans toutes les mémoires.

Mais bien avant que ce résultat fût obtenu, le gouvernement russe, possesseur de la Sibérie, avait encouragé les explorations partielles tentées à diverses reprises sur les côtes méridionales et occidentales de cette partie de l'Amérique, ainsi que sur les nombreuses îles qui les bordent. En 1783 une expédition commerciale suivit la ligne des îles Aléoutiennes et la côte jusqu'au 66e parallèle. Elle trouva les bords de la mer peuplés de phoques et l'intérieur des terres très-abondant en renards ; de sorte qu'une colonie s'établit sur l'île de Kodiak pour y ouvrir un commerce de fourrures et de peaux avec l'Asie. D'autres explorations sur d'autres points de la côte confirmèrent ces premières découvertes et ouvrirent bientôt un vaste champ aux chasseurs de fourrures.

En 1799, l'empereur Paul autorisa les diverses compagnies particulières à s'organiser en une seule, sous le nom de *Compagnie russo-américaine des fourrures*, et chargea ensuite cette compagnie d'occuper, au nom de la Russie, tout le territoire au nord du 55e parallèle, non encore revendiqué par d'autres nations, avec le privilége exclusif de la chasse et du commerce sur ce territoire. Une chaîne de comptoirs commerciaux et de forts fut établie du canal de Dixon au golfe de Norton, et la compagnie choisit pour son quartier général l'île de Sitka, par 55° de latitude nord.

Dans cette partie plus méridionale de ses vastes domaines, la compagnie russe restreignit ses opérations aux îles qui bordent la côte et à l'étroite bande de terre qui s'étend le long de la mer au pied de la haute chaîne des *Alpes maritimes*. Le pays au delà de cette chaîne était exploité par la compagnie de la baie d'Hudson. On ne tarda pourtant pas à reconnaître la nécessité de limiter expressément les droits de chacune des deux compagnies. Des négociations furent engagées et les traités de 1824 et 1825 confirmèrent les Russes dans la possession de toute la péninsule nord-ouest, à l'ouest du 143e degré de longitude occidentale, ainsi que d'une étroite bande de rivage descendant jusqu'à l'Entrée de l'Observatoire avec toutes les îles de la côte.

Ce n'est guère que depuis cette époque que le gouvernement russe a recueilli et que l'on possède des notions un peu précises sur l'intérieur de l'Amérique russe.

L'Amérique russe, abstraction faite des îles et de l'étroite bande de rivage qui en dépendent entre le 55e et le 60e parallèle, forme, comme nous le disions plus haut, un vaste rectangle mesurant 10 degrés de latitude (du 60e au 70e), et borné au nord par l'océan Glacial, à l'est par les territoires dépendant de la compagnie de la baie d'Hudson, au sud par l'océan Pacifique, à l'ouest par la mer de Behring. Ses côtes occidentales et méridionales sont très-profondément découpées et entourées d'une ceinture d'îles. Elles ont d'ailleurs un caractère tout différent au nord et au sud de la presqu'île d'Aliaska. Au nord, la côte est généralement plate, basse et plus ou moins marécageuse; en fait de végétation, on y rencontre surtout des mousses. Au sud, au contraire, les montagnes touchent à la mer presque partout. Leurs flancs descendent en pente rapide vers l'Océan, qui est très-profond le long du rivage. Puis, à quelque distance du continent, une ceinture d'îles volcaniques émerge des flots, laissant entre elles et la terre ferme un canal admirablement propre à la navigation à vapeur et sûr par tous les temps.

Sur plusieurs points de la côte et sur quelques-unes de ces îles, des volcans sont encore en activité.

Autant la région du nord est aride et nue, autant celle du sud est richement boisée. Partout le roc même est couvert de mousses, tandis que les vallées recèlent de bonnes terres où les herbes, les arbrisseaux et les arbres de haute futaie poussent également bien. L'essence dominante et la plus utile est le sapin, qui atteint fréquemment une hauteur de 20 ou 30 mètres. Le peuplier, l'aune et le saule bordent presque toutes les rivières. Sur la côte du Pacifique, la terre ferme et beaucoup d'îles sont couvertes de forêts de pins qui descendent jusqu'à la mer. Dans le voisinage de la Stikine, on trouve, d'après sir George Simpson, un cyprès qui, par sa légèreté et sa durée, est sans égal pour la construction des navires. Quant aux sapins et aux pins, ils pourraient rivaliser pour le même objet avec ceux de la Norwége : il n'est pas rare d'en voir qui aient 2 mètres de diamètre et 50 mètres de haut. Mais les Russes ont négligé de tirer parti de cet immense fonds de richesse, de peur de voir leur monopole du commerce des fourrures atteint par l'établissement d'un commerce de bois.

L'Amérique russe n'est pas moins bien partagée quant au règne animal. Ses mers offrent les plus belles pêcheries du monde; ses rivières sont extraordinairement poissonneuses; ses bois, ses vallées et ses montagnes recèlent une immense quantité d'animaux à fourrures précieuses et d'oiseaux estimés.

Le long des côtes, la morue se présente avec une abondance et des dimensions qui ont vivement surpris les navigateurs américains envoyés par leur gouvernement pour comparer à ce point de vue le Pacifique septentrional avec la région de Terre-Neuve.

Dans les rivières pullulent le saumon, la truite, la truite saumonée, l'esturgeon, le brochet et le poisson blanc. Les indigènes prennent le brochet, le saumon et le poisson blanc, en les harponnant au moyen d'une sorte de javelot, qu'ils manient avec une dextérité surprenante. Le lieutenant Pease, de la marine américaine, raconte avoir vu prendre ainsi des saumons de 40 livres et des brochets de 2 mètres de long. Les indigènes sèchent le poisson en bandes; c'est avec la viande de renne, également séchée, la base de leurs provisions d'hiver.

Les îles de la côte du Pacifique sont le pays de prédilection de plusieurs variétés de phoques, notamment des otaries et des morses. Ces animaux s'y reproduisent si activement que quatre-vingts ans de chasse ne paraissent pas en avoir sensiblement atténué le nombre.

Parmi les animaux à fourrure qu'on rencontre le plus abondamment sur les îles et dans l'intérieur du continent, on peut citer la loutre, le castor, l'hermine, la zibeline, la martre, plusieurs espèces de renards et d'ours, les marmottes grandes et petites, l'écureuil (dont une variété rouge très-remarquable), le lynx, le loup, le rat musqué (d'une espèce différente de celles des latitudes moins élevées), le renne et, au nord du fleuve Youkon, l'élan.

Mais si grands que soient le nombre et la variété de ces animaux, la gent emplumée est encore sous ce rapport infiniment plus remarquable. La région qui s'étend entre les montagnes Rocheuses et la mer de Behring est le lieu de couvée de myriades d'oiseaux qui visitent pendant une partie de l'année des pays plus chauds. La colonne ailée qui s'avance sur le versant oriental des montagnes Rocheuses, venant de la côte de l'Atlantique et du golfe de Mexique, et la colonne qui s'avance sur la face occidentale de la chaîne et la Sierra-Névada, venant des latitudes plus basses de l'océan Pacifique, se rencontrent sur ce point, se nourrissent des baies qui couvrent le sol à profusion, élèvent leurs couvées et repartent à la fin de l'été pour leur voyage du sud.

La nourriture de prédilection des oies, des canards et des autres oiseaux qui fréquentent ces parages est la baie de la petite airelle des Alpes, qui devient très-savoureuse après une première gelée, puis la baie de l'airelle des marais, qui est fort prisée des ours et des oies et qui mûrit à merveille sous ces latitudes élevées. Ils mangent aussi la baie de l'empetrum, une sorte de grosse framboise jaune connue sous le nom de baie du saumon et une baie noire qui pousse en grandes quantités sur une petite mousse.

C'est vers le milieu d'avril qu'arrivent les premières volées; d'abord le bruant de neige, ensuite l'orfraie, le gerfaut, l'aigle et le goëland. Un peu plus tard c'est le tour des oies, des canards et des cygnes. Les oies noires et blanches ne s'arrêtent qu'à la mer Glaciale; les autres s'établissent sur les rivières et les marais de l'intérieur. A mesure que l'été approche, d'autres oiseaux arrivent et se mettent immédiatement à faire leurs nids et à élever leurs couvées. Diverses variétés de pinsons, le rouge-gorge d'Amérique, le bec-fin noir et jaune, le bruant des arbres animent les bois durant les mois d'été et tombent sous la serre d'une infinité d'oiseaux de proie. L'hirondelle elle-même remonte pour quelque temps jusqu'à ces latitudes élevées, à l'époque où de véritables nuages de moustiques lui offrent une nourriture abondante, mais elle repart dès le mois d'août pour le midi.

L'un des oiseaux les plus curieux et les moins connus de l'Amérique russe est la variété de canard désignée par les chasseurs américains sous le nom de *canvass-back duck,* c'est-à-dire canard au dos de canevas, ou canard-canevas. Le courageux explorateur Kennicott raconte qu'il découvrit dans le voisinage du fort Youkon leur lieu de couvée habituel. Ils avaient établi sur le bord d'un marécage peu profond des plates-formes de jonc sur lesquelles reposaient leurs œufs. Il paraît que les marais des bords de l'Youkon, pendant des centaines de milles, servent de lieux de couvée à ces canards et que leurs œufs couvrent littéralement des arpents de terrain.

Tous les oiseaux s'engraissent rapidement avec les baies que le pays leur offre avec profusion. Les oies surtout deviennent tellement grasses que pendant la nuit elles peuvent à peine voler et qu'elles tombent sous les bâtons des enfants indiens : c'est une saison de festins depuis les montagnes Rocheuses jusqu'au détroit de Behring, de l'océan Pacifique à la mer Glaciale.

Aux premiers symptômes de l'hiver, les oiseaux d'été reprennent leur vol vers des climats plus tempérés et laissent le ptarmigan, le chikadi et l'oiseau rouge se tenir compagnie jusqu'à l'arrivée de leurs visiteurs des régions boréales, le hibou arctique et le grand faucon blanc.

L'Amérique russe compte une population de cinq à six mille Russes, établis pour la plupart sur les îles de la côte du Pacifique, et une soixantaine de mille indigènes, Esquimaux, Ingaliks ou Indiens, se divisant en un grand nombre de tribus dont les coutumes et les traditions sont essentiellement différentes. Les Esquimaux occupent surtout la côte occidentale; ils n'ont que de lointaines analogies avec les Esquimaux des contrées orientales de l'Amérique du Nord, mais ils vivent, comme eux, de pêche et de chasse. Les naturels de l'intérieur, désignés par Richardson sous le nom de *Kutchins,* se rapprochent plutôt des Indiens des latitudes moins élevées; ils portent en hiver un pardessus en fourrure, se plaisent à orner leur personne de verroteries et bâtissent leurs habitations à la surface du sol, au lieu de les enterrer à moitié, ainsi que le font les Esquimaux. Ils vivent de chasse et, à l'occasion, trafiquent, soit avec les Anglais, soit, par les Ingaliks, avec les indigènes et les Russes; ils sont, du reste, ennemis des Russes, ont surpris leurs postes et massacré les habitants toutes les fois qu'ils l'ont pu, et ont beaucoup contribué à les empêcher de pénétrer très-avant dans le pays.

Les Ingaliks sont surtout connus depuis le séjour d'un mois que l'expédition du lieutenant Pease a fait dans leur village d'Ulucouk, en octobre 1865. Ils constituent un rameau d'une race indienne intermédiaire entre les Esquimaux de la côte et les Indiens de l'intérieur. Ce sont eux qui font le commerce entre le fleuve Youkon et la mer de Behring, et qui échangent les peaux des Indiens contre les articles d'importation étrangère. Leur nombre est, du reste, aujourd'hui fort réduit, par suite d'une série de guerres avec les tribus voisines. Par leurs mœurs, ils se rapprochent plus des Esquimaux que des Indiens; ainsi, ils bâtissent leurs huttes en partie sous terre, au moyen de troncs de sapins fendus et assemblés côte à côte. La toiture est également formée de troncs de sapins recouverts de mottes de gazon et de terre, de manière à former un dôme écrasé; au milieu on ménage un trou carré pour laisser échapper la fumée du foyer disposé au centre de la hutte. Comme le sol est en contre-bas du terrain environnant, on construit, pour donner accès à l'habitation, une sorte de tunnel ou de galerie couverte, longue de 6 à 8 mètres et communiquant avec le dehors par une ouverture circulaire que protége une palissade munie d'une porte. Communément les huttes n'ont guère plus de 25 mètres carrés de superficie: le long des parois sont disposés des blocs de bois servant à la fois de tables et de siéges. Au centre se trouve le foyer. Les principaux ustensiles garnissant une hutte d'Ingaliks sont des bouilloires ou des marmites, achetées aux baleiniers, quelques pots de terre, assez grossiers, de fabrication indigène, et une lampe dont la forme rappelle nos saucières; on se sert de graisse et de mousse en guise d'huile et de mèche. Le soir, on laisse mourir le feu, on bouche avec des peaux l'orifice du toit, l'entrée circulaire extérieure et la baie qui conduit de la hutte dans le tunnel, afin d'intercepter tout courant d'air; puis toute la famille s'étend par terre, les têtes du côté du foyer et appuyées sur un simple bloc de bois, et dort ainsi toute la nuit dans une atmosphère chaude et lourde que nos poumons européens ne supporteraient guère mieux que celle d'un four.

Au centre de chaque village, se trouve le

Kadgim, sorte de maison commune, dans laquelle se font les réceptions des visiteurs et se donnent toutes les fêtes publiques ou privées.

Tout récemment, en 1867, le gouvernement russe, qui ne pouvait ou ne voulait pas tirer des richesses végétales, animales et minérales de ses possessions américaines tout le parti qu'une nation commerçante et plus entreprenante n'eût pas manqué d'en tirer depuis de longues années, s'est décidé à vendre aux États-Unis toute l'Amérique russe et les îles qui en dépendent, moyennant environ 39 millions de francs.

Il a été stipulé par ce traité que toutes les franchises et priviléges accordés, soit à des compagnies, soit à des particuliers, de quelque nation qu'ils soient, prendraient fin de plein droit par le transfert de territoire.

Il ne faudra pas longtemps aux Américains, hardis, ambitieux, avides de gain comme ils le sont, et de plus habitués depuis longtemps à lutter avec les Indiens, pour exploiter dans leur nouvelle possession les richesses que les Russes s'étaient à peu près bornés à inventorier.

III.

Aventure d'un chasseur de canards[1].

Des diverses variétés de canards sauvages de l'Amérique, la plus célèbre est celle que les chasseurs connaissent sous le nom de *canvass-back duck*, canard au dos de canevas ou canard-canevas. Sa chair savoureuse est prisée à l'égal de celle de l'ortolan et de la perdrix par les gourmands de toutes les grandes cités maritimes de l'Est. Le canard-canevas est de taille moyenne; il est rare que son poids dépasse trois livres. Comme couleur, il se rapproche du canard sauvage d'Europe; sa tête est brune, sa poitrine noire; mais le dos et le dessus des ailes présentent

1. D'après M. Reid, *die Büffeljæger* (Kletke, *Skizzenbuch*).

des rayures et des mouchetures gris bleuâtre qui rappellent le tissu du canevas; ce qui a fait donner à l'oiseau son nom.

Comme tous les autres oiseaux aquatiques de l'Amérique, le canard-canevas est un oiseau de passage. Au printemps, il se dirige vers les fraîches contrées de la baie d'Hudson, pour revenir au mois d'octobre vers le Sud; on le rencontre en bandes innombrables le long de l'océan Atlantique. Il n'est pas répandu indistinctement sur tous les lacs d'eau douce des États-Unis; il a certaines places de prédilection où on le rencontre exclusivement; la grande baie de Chesapeake est du nombre. Il y trouve en grande abondance son aliment favori, une plante de la famille des vallisnéries, qui tapisse le fond, un peu marécageux à l'embouchure, de tous les cours d'eau tributaires de la baie. Cette plante, aux tiges et au feuillage d'un vert sombre, a une racine blanche et tendre, dont le goût est analogue à celui du céleri et dont le canard-canevas fait sa nourriture presque exclusive. Pour se la procurer, l'oiseau plonge, ramène à la surface tout un plant de vallisnérie et détache avec son bec les feuilles qui servent de pâture à une autre espèce de canards.

C'est à cette nourriture parfumée qu'il faut attribuer l'excellent goût qu'a la chair du canard-canevas. Il est, à cet égard, tellement apprécié que la paire se vend à New-York jusqu'à 3 dollars, tandis que l'on a pour le tiers de ce prix un beau dindon. Aussi le chasse-t-on non-seulement pour s'amuser, mais encore parce que c'est un produit d'un excellent débit. Mais il est extraordinairement sauvage, et il faut user de toute sorte de subterfuges pour approcher de lui à portée de carabine. De plus, une fois blessé, il plonge et échappe au chasseur, pour peu qu'il n'ait pas été tué du premier coup. Heureusement pour ceux qui le guettent, le canard-canevas a un défaut qui compense son excessive timidité : il est encore plus curieux que poltron. Un chien que l'on amène près de l'endroit où se tient une bande de ces oiseaux, et qu'on dresse à courir de côté et d'autre, suffit ordinairement à les attirer à bonne portée. Au besoin, on lui noue autour du corps ou à la queue un morceau d'étoffe rouge et il n'en faut pas plus pour éveiller la curiosité des canards, du moins aux époques de l'année où l'on ne les pourchasse pas trop.

La chasse au canard-canevas a, cela va sans dire, de nombreux et fanatiques adeptes, et l'on y attache une telle importance que, dans des traités conclus entre les États riverains de la baie de Chesapeake, on a limité à certaines personnes expressément désignées le droit de s'y livrer. Une violation de ces traités amena, il y a quelques années, un différend si sérieux entre les chasseurs de Philadelphie et ceux de Baltimore, que pendant un certain temps des schooners armés en guerre croisèrent dans la baie et que l'on craignit une collision. Il fallut que le gouvernement central intervînt pour prévenir l'effusion du sang.

« Un jour que je chassais dans la baie de Chesapeake, raconte un *gentleman* américain, voici la singulière aventure qui m'arriva :

« Je passais quelques jours chez un planteur, dont l'habitation était située près de l'embouchure d'une rivière qui se jette dans la baie, et j'avais un ardent désir de courir les chances d'une chasse aux canards-canevas : j'avais déjà eu l'occasion d'en manger, mais je n'en avais jamais tiré, ni même vu de vivants. Un beau matin, je résolus de mettre mon adresse à l'épreuve. La maison de mon ami était à une certaine distance du rivage, et comme la vallisnérie ne croît ni dans l'eau de mer pure, ni dans l'eau douce, j'avais un peu plus d'un mille à faire avant d'arriver à l'endroit où séjournaient les canards. Je montai donc dans un petit canot et descendis la rivière en compagnie d'un affreux mâtin, qu'on m'avait recommandé comme le meilleur chien de chasse du pays. Mon ami n'avait pas pu être de la partie ; mais comme je connaissais la place et que j'étais au fait des finesses de la chasse aux canards, je crus pouvoir faire mon affaire sans son assistance.

« Je ne tardai pas à atteindre la petite anse aux vallisnéries, et ayant trouvé une bonne place pour aborder, je mis pied à terre, j'attachai le canot à un buisson, et cherchai une cachette. Une fois installé, je fis signe au chien de se mettre en quête. Mais la bête fit peu d'attention aux paroles et aux gestes par lesquels je cherchais à l'exciter. Elle me parut effarouchée, ce que j'attribuai au peu d'habitude qu'elle avait encore de moi. J'espérais qu'elle ne tarderait pas à se remettre; mais, contre mon attente, je ne pus la décider ni à entrer dans l'eau, ni à battre les environs comme elle aurait dû le faire. Au contraire, elle se glissa dans le taillis, non loin de la place où je m'étais installé et refusa de déguerpir. Je la tirai deux ou trois fois dehors jusqu'à l'eau, mais à peine l'avais-je lâchée qu'elle se sauvait de nouveau sous bois.

« J'étais d'autant plus contrarié que le chien s'y prît si mal qu'à un demi-mille à peine un immense vol de canards-canevas était posé à fleur d'eau. Pour peu que le chien eût fait son métier, les oiseaux auraient été attirés à portée de fusil; mais son entêtement ou sa paresse anéantit toutes mes espérances.

« Mes excitations étant demeurées sans effet et deux heures s'étant ainsi passées en pure perte, je sortis de ma cachette et me dirigeai vers le canot. Je ne fis même pas au sot animal l'honneur de l'appeler et, au risque d'être grondé par mon ami, j'aurais démarré sans lui, si soudain le mâtin ne s'était levé de lui-même et jeté à ma suite dans la nacelle. Mon premier mouvement fut de le rejeter par-dessus bord; mais je me calmai et, debout dans le canot, je réfléchis à ce qui me restait à faire.

« Avoir sous les yeux toute une bande de canards flottant sur l'eau comme du liége et si serrés les uns contre les autres, qu'un coup de carabine bien ajusté devait en tuer vingt à la fois, c'était vraiment une trop belle occasion pour battre en retraite : je me demandai de nouveau s'il n'y avait donc aucun moyen de m'approcher. Tout à coup, je me rappelai un expédient qui m'avait déjà réussi à la chasse au canard sauvage : il consistait à masquer le canot à l'aide de branchages et à le laisser dériver sous l'impulsion du courant ou du vent. Je résolus tout au moins d'en essayer. La position des oiseaux était favorable; car le vent me poussait par derrière précisément au travers du champ de vallisnéries qui me séparait d'eux, et j'avais des chances que le vert des branches qui me dissimulaient ne tranchât pas assez sur celui des plantes aquatiques pour éveiller l'attention des canards.

« Je me mis aussitôt à couper de la verdure et je l'assujettis au rebord de la barque. Au moment où j'y montai, après une demi-heure de travail, elle était certainement assez garnie pour que de loin il fût impossible de la prendre pour autre chose qu'un buisson flottant à la surface de l'eau. J'eus d'ailleurs la précaution de m'accroupir de façon à voir sans être vu, et c'est au vent que je laissai le soin de me faire avancer. Les branches faisant l'office de voile, je ne tardai pas à me trouver porté tout doucement dans la direction voulue. Je souffrais passablement de la chaleur; nous étions bien au mois de novembre, mais dans la période spéciale connue sous le nom d'été indien, et il y avait bien 25 ou 30 degrés. Tandis que le feuillage formait autour de mon corps une sorte de rempart qui interceptait le moindre souffle d'air, le soleil de midi, qui dans ces latitudes méridionales est presque perpendiculaire, dardait sur moi ses rayons les plus ardents. Toutefois, l'espérance de faire un beau coup me fit prendre ce petit mal en patience.

« Il fallut près d'une heure à mon canot pour se frayer un passage à travers le champ de vallisnéries. Parfois, il s'arrêtait complétement; puis le vent se levait de plus belle et je reconnaissais au frôlement des plantes le long du bord que je recommençais à avancer. Enfin, comme j'approchais de la lisière du champ, je vis avec plaisir qu'une grande bande d'oiseaux se dirigeait de mon côté.

« Je me tins tout tranquille. Les canards-canevas étaient accompagnés d'une autre espèce, de couleur toute différente, connue sous le nom de gorge-rouge d'Amérique. Il était très-amusant de les voir se batailler; le gorge-rouge n'est qu'un médiocre plongeur, tandis que le canard-canevas plonge à merveille; et comme le gorge-rouge a, pour la racine de vallisnérie, la même prédilection que son camarade, il n'a d'autre moyen de s'en procurer que de la lui enlever. Voici comment, tout petit et tout faible qu'il est relativement au canard, il s'y prend pour arriver à ses fins: quand le canard plonge, il lui faut rester un certain temps sous l'eau pour saisir la plante et l'arracher avec sa racine; aussi est-il à moitié aveuglé quand il revient à la surface, muni de son précieux morceau. Le gorge-rouge, qui l'a regardé faire, saisit précisément ce moment pour se précipiter sur lui et lui ravir sa proie avant que le canard ait complétement repris ses sens. Puis il se sauve aussi vite que le lui permettent ses pattes palmées.

« Le canard, si fâché qu'il puisse être, se conduit très-raisonnablement. Comme il sait qu'il ne gagnerait rien à courir après le voleur, il aime mieux renoncer tout de suite à sa racine et aller en chercher une autre. Ce manége se répéta sous mes yeux je ne sais combien de fois.

« J'eus, en même temps, l'occasion d'observer une troisième variété d'oiseaux aquatiques, les canards sauvages ordinaires, désignés par les chasseurs de la baie de Chesapeake sous le nom de *têtes-rouges*. Ils ne se distinguent guère des canards-canevas qu'en ce qu'ils ont les yeux jaunes et le bec bleuâtre et légèrement concave, tandis que les canards-canevas ont les yeux rouges de feu et le bec vert et horizontal.

« Les têtes-rouges ne se disputaient pas avec les deux autres espèces; car ils faisaient leur régal, non de la racine, mais des feuilles de la vallisnérie, dont de grandes quantités, dédaigneusement rejetées par les autres, flottaient à la surface de l'eau. Leur chair n'en est pas moins presque aussi délicate que celle des canards-canevas, et il n'est pas rare qu'on les vende les uns pour les autres sur les marchés de Philadelphie ou de New-York.

« Je m'aperçus avec plaisir que j'étais enfin arrivé à portée de fusil d'un groupe de canards. Il ne me restait qu'à glisser sans bruit les canons de ma carabine à travers le feuillage, à viser et à faire feu.

« Suivant l'usage, je lâchai mon premier coup sur les oiseaux encore posés sur l'eau et réservai le second pour ceux qui, au bruit de la détonation, avaient pris leur vol. Une seconde après, quinze ou vingt canards flottaient inanimés, tandis que le reste de la bande se perdait dans les nuages avec un bruit d'ailes assourdissant.

« Au surplus, y avait-il bien quinze ou vingt victimes, comme je le pensais? Je ne saurais vraiment le dire, car je ne pus pas en ramasser une seule, mon attention ayant été presque aussitôt captivée par une circonstance qui me fit complétement oublier les canards-canevas, les gorges-rouges et les têtes-rouges.

« Tandis que je naviguais à travers le champ de vallisnéries, j'avais déjà été plusieurs fois frappé des singulières allures du mâtin qui me tenait compagnie. Il était couché à l'avant du bateau, à demi caché sous les branches; mais de temps en temps il se levait en sursaut, jetait autour de lui des regards effarés, tournoyait d'une façon singulière, puis rentrait dans sa cachette. Plusieurs fois, il se mit à trembler et à se secouer comme s'il voulait faire tomber toutes les dents de sa mâchoire. Toutefois j'étais trop occupé de mon gibier pour beaucoup m'attacher à ces symptômes et je me dis que peut-être l'animal n'avait pas encore été sur mer, que le balancement de la barque l'incommodait ou qu'il avait peur de la mer.

« Mais à peine avais-je tiré mon second coup, que mon attention se porta de nouveau sur le chien et fut, à partir de cet instant, tellement absorbée par lui, que j'en oubliai tout le reste. La bête s'était levée et, à trois pieds de moi, poussait d'affreux hurlements. Ses yeux me fixaient d'un air hagard, sa langue pendait hors de sa gueule, ses lèvres étaient écumantes. Il n'y avait plus l'ombre d'un doute : le chien était enragé.

« J'avais vu assez souvent des chiens enragés pour ne pouvoir me méprendre à ces signes : c'était l'hydrophobie la plus caractérisée et la plus dangereuse.

« Vous me dispenserez sans doute de vous dépeindre mon angoisse. J'avais en perspective une mort horrible et nul moyen d'y échapper.... Instinctivement je me mis sur la défensive; je pris mon fusil pour le bander, sans songer, dans mon trouble, que les deux canons étaient vides et que je venais de semer mon plomb dans la mer.

« Je voulus recharger mon arme, mais un mouvement menaçant du chien me prouva que ce serait dangereux. Je pris alors la carabine par les canons pour me défendre au besoin à coups de crosse, et je me reculai jusqu'à l'arrière du bateau. Même là je n'étais guère en sécurité. Quiconque a vu une nacelle américaine sait combien, faute de quille, elle a peu d'assiette; il suffit d'un faux mouvement pour la faire chavirer et il n'est pas aisé de s'y tenir debout en équilibre. Pour y livrer bataille à un chien enragé, sans se laisser mordre et sans chavirer, il fallait l'adresse d'un danseur de corde. Au moindre mouvement, soit du chien, soit de ma personne, la nacelle oscillait de la façon la plus inquiétante.

« Le chien restait dans son attitude menaçante, les pattes de devant posées sur l'un des bancs et ses yeux hagards fixés sur moi. J'étais dans une situation affreuse. Le moindre geste pouvait exciter la bête à se jeter sur moi. J'avais bien songé à sauter dans l'eau, qui n'avait guère plus de cinq pieds de profondeur; mais le fond était vaseux et je n'aurais pas pu prendre pied. Quant à nager jusqu'au rivage, qui était à plus d'un demi-mille de distance, il n'y avait pas à y penser si je gardais mes habits, et chercher à m'en débarrasser, c'était provoquer une attaque. Il fallait donc renoncer à me sauver par la fuite et attendre patiemment la suite des événements.

« Je m'appliquai à rester immobile comme une statue, à ne bouger ni pied ni main. A peine osais-je respirer, tant je craignais d'attirer trop vivement l'attention du chien et de le faire sortir de sa torpeur momentanée.

« Il se passa ainsi quelques minutes qui me parurent des heures : le chien avait toujours les pattes de devant posées sur le banc, et les rames étaient entre ses jambes. Ce qui

IV, p. 250.

AVENTURE D'UN CHASSEUR DE CANARDS.

ajoutait à mes angoisses, c'est que le vent, au lieu de me rapprocher du rivage, continuait à souffler de terre et à me pousser vers la pleine mer, mes branches faisant l'office de voiles. Dans ma terreur, j'avais à peine remarqué qu'une ligne de récifs se dressait à un mille; en tournant les yeux, je vis que la nacelle était très-rapidement portée vers ces rochers et les atteindrait en dix minutes.

« J'avais donc cette alternative: ou de dégager les rames, ou de chavirer sur les écueils. Dans ce dernier cas, ma perte était certaine. Je me décidai donc pour le premier parti.

« Je ne sais si le chien avait lu mon dessein dans mes yeux ou s'il avait remarqué que ma main serrait plus fort le fusil. Toujours est-il que, comme saisi d'une terreur subite, il descendit du banc, se sauva à l'avant du bateau et s'y coucha dans la position qu'il avait pendant la chasse.

« Mon premier mouvement fut de prendre les rames, car le bruit des flots qui se brisaient sur les récifs arrivait de plus en plus distinctement à mon oreille. Mais je me ravisai et me mis tout d'abord en devoir de recharger ma carabine. Sans perdre un seul instant le chien de vue, je glissai successivement au toucher poudre, plomb et bourre dans le canon; je réussis à charger d'un côté et à mettre la capsule.

« Me trouvant par là même en possession d'un sérieux moyen de défense, je me sentis déjà plus de liberté d'esprit et je chargeai avec grand soin l'autre canon. Le chien ne me quitta pas des yeux, mais ne bougea pas.

« Bien que les récifs fussent tout près, je voulus d'abord me débarrasser de mon redoutable compagnon. Sans prendre le temps d'épauler ni de viser, je tirai mon premier coup à peu près dans la direction du chien et j'eus l'immense satisfaction de l'atteindre aux flancs. Mortellement atteint, il tomba en arrière en agitant convulsivement ses pattes. Pour plus de sécurité, je lui envoyai mon second coup dans la poitrine. Puis je sautai sur les rames. Il était grand temps, car la nacelle dansait déjà en pleine écume, comme une coquille de noix. Heureusement, en deux coups de rames je la ramenai en arrière et me dirigeai tout droit vers le rivage.

« On peut se figurer que je ne pensai plus à mes canards ; le courant les avait entraînés, je ne savais où, et je ne me souciais guère de le savoir. Mon seul désir était de quitter au plus vite ce lieu d'angoisses, et je me promis bien qu'on ne me reprendrait plus à la chasse au canard avec un chien inconnu. »

AUSTRALIE.

AUSTRALIE.

I.

Mœurs des indigènes de la Nouvelle-Hollande[1].

J'avais eu de temps en temps l'occasion de voir les indigènes par petits groupes; car il n'y a guère d'établissement dans le gouvernement de la Nouvelle-Galles du Sud qui ne renferme quelques-uns de ces habitants primitifs du continent australien. Mais ils de-

---

1. D'après H. Lau, *Vier Jahre in Australien, Selbsterlebnisse und Reisebilder aus der Colonie New-South-Wales.* Hambourg, 1860.

viennent de plus en plus rares : décimés par les guerres intestines, par l'eau-de-vie des Européens et par les maladies, ils ne tarderont pas à disparaître complétement de la surface du sol.

C'est près d'Ulladulla que je rencontrai la horde la plus nombreuse que j'eusse encore vue, la *Horde du Colombier*, comprenant une centaine d'individus; elle était assez importante pour avoir conservé intacts les usages de ses devanciers, et je fus témoin de leurs combats et de leurs chasses, de leurs cérémonies funéraires et de leurs réjouissances; j'appris à connaître leur vie intime et leur vie extérieure, et pus me rendre pleinement compte de l'extrême originalité de l'une et de l'autre.

Les débris de la population indigène qui subsistent encore dans les districts habités par les Européens, tendent à se fondre avec la race blanche. Ils mènent encore une vie nomade, ou pour mieux dire une existence vagabonde; car ils ne circulent plus, comme les pasteurs du temps passé, avec leurs troupeaux : ils errent au hasard dans les districts boisés, mendiant, chassant et dérobant pour peu qu'ils trouvent à portée de leur main de quoi apaiser leur faim. Le pays qui environne son campement ne lui fournit-il plus en suffisance les opossums ou les autres animaux qui servent à sa subsistance, la horde emporte ses armes et va chercher ailleurs un canton plus riche en gibier. Lorsqu'elle a trouvé un emplacement convenable, les hommes, à l'aide de leurs tomahawks, arrachent aux arbres voisins de grands morceaux d'écorce, les tiennent pendant quelque temps au-dessus du feu pour les redresser et en forment une espèce de toit ou d'abri à un seul pan. Telle est la demeure très-primitive sous laquelle les Indiens de l'Australie deviennent fréquemment centenaires, du moins lorsqu'ils savent se garder du poison européen, de l'eau-de-vie.

Le territoire dans lequel erre une même horde a généralement vingt ou trente lieues de tour et confine aux territoires d'autres hordes, sur lesquels elle ne saurait empiéter sans danger; les limites, marquées le plus souvent par des cours d'eau ou d'autres obstacles naturels, sont gardées avec un soin jaloux, et les violations de frontières sont, entre les tribus indigènes, une cause fréquente de guerres plus ou moins sanglantes. Il suffit, d'autre part, qu'une horde occupe un territoire plus giboyeux pour être en butte à des hostilités dans lesquelles les lances, les bomerangs, les tomahawks et les massues jouent un rôle meurtrier. L'Australien ne se sert ni de flèches ni d'armes à feu.

Toutefois, la plupart des hordes savent vivre en bonne harmonie avec leurs voisines et sont animées de sentiments pacifiques qui se traduisent par des visites amicales, des danses ou de grandes chasses organisées en commun.

Les chasses ne sont pas sans analogie avec nos traques: une centaine d'hommes faisant la chaîne se déploient dans une grande plaine envahie par les hautes herbes ou par de petits buissons bas et s'avancent en poussant de grands cris vers l'endroit où sont postés les chasseurs, ordinairement du côté de la mer. Les animaux, le plus souvent des kangourous, tués à coups de lance, sont jetés non vidés dans le feu et dévorés ensuite, à demi crus, par tous les assistants.

Lorsque des hordes se font des visites d'amitié, celle qui reçoit fait à l'autre la politesse de l'amuser par toute sorte de danses connues sous le nom de *corobberas*. Tandis que la partie plus âgée de l'assistance est accroupie autour des feux, les jeunes gens se livrent à une pantomime rhythmée, tout en chantant leurs airs nationaux et en battant la mesure avec les pieds et les mains. La musique instrumentale qui accompagne ces exercices chorégraphiques est des plus primitives: elle se réduit à cinq ou six tambourins en peau d'opossums sur lesquels des femmes battent à tour de bras avec deux baguettes.

A une portée de fusil des chantiers de Boatharbour, tout près de l'Océan, se trouvait une hutte abandonnée que le géomètre Larmer avait choisie pour lui et ses gens comme un abri moins insuffisant qu'une simple tente. Ayant noué des relations avec Larmer, j'eus l'occasion d'aller passer quelque temps auprès de lui. On avait étendu sur le sol de la hutte d'épaisses couvertures de laine; la toile d'une tente servait d'oreiller, de sorte que le gîte était supportable. Néanmoins, la première nuit, de violents maux de dents m'empêchèrent de fermer l'œil, et, tandis que tous mes compagnons dormaient du plus profond sommeil, je restai éveillé dans un coin de la hutte. Soudain, vers minuit, j'entendis pousser, non loin de notre cabane, un épouvantable hurlement, bientôt accompagné d'un bruit sourd que je ne pus comparer qu'à celui de maillets retombant lourdement sur des tonneaux vides. Très-effrayé de ce bruit, j'éveillai mes compagnons et leur demandai ce que ce pouvait être : « Oh! ne vous alarmez pas, me dit Larmer, ce sont des hordes d'indigènes qui dansent leur corrobera. Si vous êtes curieux d'y assister et que vous ne souffriez pas trop de vos dents, je suis prêt à vous accompagner ; un de nos hommes nous précédera avec une torche pour nous éclairer à travers le buisson. »

Je ne me le fis pas dire deux fois et, un instant après, je me glissais avec mon ami et son porte-flambeau au travers des arbres. Lorsque nous arrivâmes à la lisière du bois, sur un plateau découvert, une véritable fête populaire à la mode sauvage se déroula sous nos yeux : une horde tout entière était sur le point de danser au clair de la lune sa grande danse nationale.

Aussitôt qu'on s'aperçut de notre présence, un homme déjà avancé en âge s'approcha de nous et nous demanda ce qui nous donnait le droit de venir troubler la fête. Heureusement un autre sauvage, qui connaissait Larmer, se hâta d'intervenir, et nous fûmes admis à prendre place parmi les spectateurs. Un instant après, une femme vint me demander pourquoi j'avais la tête bandée. Quand je lui eus fait comprendre qu'une dent malade me faisait souffrir le martyre : « Je vais vous chercher un remède, » me dit-elle dans l'idiome semi-anglais, semi-barbare qui est usité sur la côte. Effectivement elle revint bientôt avec une branche de mimosa, enleva la fine pellicule qui se trouvait sous l'écorce, la roula en forme de boulette et me dit de la poser sur ma dent. La douleur disparut comme par enchantement, et je pus assister, sans être tourmenté, à la danse qui allait commencer.

Douze jeunes et vigoureux noirs, complétement nus, ornés sur le devant des jambes et des bras d'une large raie blanche, se mirent à chanter leurs chansons nationales. L'air était essentiellement *monotone*, dans le sens étymologique du mot, c'est-à-dire qu'il se composait de la même note, incessamment répétée, mais filée plus ou moins longtemps, suivant que le comportait le rhythme du morceau. Les tambourins en peau d'opossum accompagnaient les voix en cadence. En même temps les danseurs entre-choquaient leurs armes, le bomerang contre la lance, la massue contre le bouclier, et ce avec un ensemble et une mesure que plus d'une troupe disciplinée aurait enviés à ces pauvres sauvages. Ensuite chacun des danseurs s'avança à son tour pour montrer avec quelle adresse il savait manier ses armes; puis ils se remirent à la file tantôt courant, tantôt sautant les uns derrière les autres, en faisant l'échange de leurs armes. A un moment donné, ils se jetèrent par terre, puis rebondirent avec une légèreté inimaginable et reprirent leurs figures de quadrille jusqu'à ce que la musique leur eût donné le signal du repos.

Ce fut alors le tour d'une jeune fille vêtue d'une chemise blanche qui, elle aussi, chercha à déployer ses grâces par toute sorte de bonds et de pirouettes.

A voir toutes ces figures noires, se démenant aux sons d'une musique impossible, au clair de lune et à la lueur rougeâtre d'une dizaine de feux flamboyants, on se fût cru dans la compagnie de démons.

Une autre fois, je remarquai sur le rivage une longue rangée d'indigènes qui pêchaient à la ligne. Soudain un sifflement aigu retentit, chacun tira sa ligne et se leva. Comme je demandais ce qui était survenu, on me dit qu'une députation d'une autre horde venait d'arriver de fort loin pour exécuter un nouveau chant, et qu'il fallait aller lui bâtir une hutte et lui donner à manger. Effectivement, quelques minutes après, je vis les étrangers installés sous un abri d'écorce et la moitié de la horde du Colombier occupée à apprêter et à leur servir du poisson. Aussitôt après le repas, le chant commença et, à en juger d'après l'extrême attention qu'y apportaient les auditeurs, ils doivent y avoir pris le plus grand plaisir.

Quand ce fut fini, je priai les noirs de me montrer leur adresse dans le maniement de leurs armes : quelques verres de rhum devaient être le prix de leur complaisance. On ne s'imagine pas à quel point ils ont le coup d'œil juste et le bras souple; ainsi je les vis plusieurs fois de suite atteindre avec leurs lances, à cinquante pas de distance, un but gros comme un écu de cinq francs, le fer pénétrant d'un pouce dans du bois dur.

Mais une arme tout à fait particulière aux Australiens et dont le maniement est pour tout autre qu'eux d'une difficulté presque insurmontable, c'est le *bomerang*. Le bomerang est un simple morceau de bois, une sorte de petite massue, que les indigènes savent lancer de telle sorte que, parvenue au plus haut point de sa course, elle revient en arrière, avec la rapidité de la flèche, au point d'où on l'a lancée, ou de côté, à une distance égale.

Pour traverser les rivières, notamment près de leur embouchure, les indigènes se servent de canots d'écorce. Ces canots consistent en un seul morceau d'écorce d'*yerroora*, cousu aux deux bouts et pesant à peine dix livres. Les barques de pêche sont un peu plus grandes et contiennent deux personnes. D'ordinaire c'est la nuit qu'on pêche. A l'un des bouts du bateau s'assied un rameur muni d'une torche enflammée; le poisson, attiré par la lumière, vient jouer à la surface de l'eau, et le second pêcheur, qui est debout à l'autre extrémité du bateau, le pique au moyen d'une lance, ou pour mieux dire, d'une sorte de fourche. Les barques de pêche sont tantôt en écorce, comme les plus petits canots, tantôt en bois. Dans ce dernier cas, moins usuel, parce que les indigènes redoutent tout travail un peu fatigant, elles consistent en un tronc d'arbre creusé.

Les nègres d'Australie sont monogames. Leurs chefs seuls ont le droit d'avoir quatre épouses. C'est l'âge, la force corporelle, l'adresse et le courage qui, dans les hordes, désignent aux fonctions de chef. Aucun ornement extérieur ne distingue le roi de ses sujets: il est comme eux absolument nu. Une fois par an, le jour de la fête de la reine Victoria, chaque chef est tenu de se présenter devant le tribunal de son district afin d'indiquer le chiffre des individus dont se compose sa horde; on lui remet, à cette occasion, une couverture en laine blanche dont il doit se vêtir et qu'il lui est interdit, sous des peines assez sévères, d'échanger contre de l'argent ou du rhum. En outre, chaque chef reçoit un bouclier en forme de croissant sur lequel est gravé le nom de sa tribu.

La condition des femmes est peu enviable; elles jouent dans la famille le rôle de servantes, j'allais dire de bêtes de somme. Lorsque leur seigneur et maître est accroupi par terre, à la manière des singes, occupé à se régaler d'un morceau d'opossum, de lézard ou de serpent, elles restent modestement sur l'arrière-plan, attendant qu'il lui plaise de leur tendre par-dessus son épaule les reliefs de son festin. Ce sont elles qui portent, en cas de déménagement, les ustensiles de la famille, ou, en cas de chasse, les armes de leur mari, heureuses quand elles n'ont pas, en outre, un nourrisson sur le dos et un autre enfant pendu à leur main gauche.

Lorsqu'un jeune homme songe à se marier, la coutume veut qu'il s'éloigne pendant deux ou trois mois de sa horde et prenne dans une solitude absolue l'habitude d'une vie indépendante. Il commence par fabriquer ses armes, puis apprend à pourvoir à son existence par la pêche et la chasse ou grâce aux productions du sol. Une fois son éducation faite, il revient auprès des siens; la future épouse est présentée par son père aux parents et aux amis des deux familles et se tatoue les reins et la poitrine à l'aide d'une coquille ou d'une pierre aiguë; de son côté, le jeune homme se casse une des dents de devant; après quoi le mariage est réputé conclu. Les époux vont s'établir dans une hutte séparée et se tiennent pour parfaitement heureux si rien ne vient les troubler dans leur rude mais libre existence.

Les formalités du mariage sont identiquement les mêmes dans toute l'étendue de la Nouvelle-Galles du Sud. Les cérémonies funèbres, au contraire, varient suivant les tribus; mais la parenté témoigne toujours de sa douleur par de longs hurlements; l'épouse, la mère et les sœurs du défunt se frappent la tête à coups de pierre, jusqu'à effusion du sang et se peignent la figure et le corps avec de l'ocre rouge ou jaune, en signe de deuil.

On laisse généralement le défunt dans sa hutte jusqu'à ce que la décomposition se fasse sentir; alors on le dépose sur un morceau d'écorce et on le transporte, au clair de lune ou aux premières heures du jour, dans l'endroit choisi pour la sépulture.

Cet endroit, situé à une assez grande distance du campement, afin, disent les noirs, que le mort ne puisse pas retrouver le chemin, est ordinairement quelque grosse fourmilière. Les fourmilières en Australie forment des espèces de cônes en argile, très-durs, intérieurement creux et hauts de dix à douze pieds. On en rencontre en grande quantité dans les forêts, et les indigènes, après avoir détruit les fourmis par le feu, emploient ces constructions à toute sorte d'usages, soit comme garde-manger, soit comme poulaillers, soit comme fours à pain. Lorsqu'une fourmilière doit servir de tombeau, on fait une ouverture dans le flanc du monticule, on assied le mort dans la cavité intérieure, on dépose à côté de lui ses armes, puis on mure la porte et l'on dissimule la fourmilière sous une masse de branchages, de troncs d'arbres, etc. L'usage veut que les plus proches parents, une fois les obsèques célébrées, ne se rendent pas à la tombe avant l'expiration d'un délai de six semaines.

D'autres fois, au lieu d'enfermer le mort dans une fourmilière, on l'étend sur un morceau d'écorce élevé au moyen de quatre pieux à six pieds du sol, et on le recouvre de feuillage. Les chiens sauvages et les aigles aident à l'œuvre de la nature. Un jour, un berger surpris par la pluie se réfugia dans le creux d'un arbre et poussa un peu brusquement de côté un pieu qui se trouvait au centre de la cavité; une minute après, il recevait sur la tête le squelette d'un nègre dont il avait, sans le savoir, violé la sépulture.

Aux environs de Shaolhaven, l'un des membres de la tribu monte sur un arbre et tient au défunt un long discours, censément au lieu et place du Bon Esprit, ce qui prouve que les nègres de l'Australie ont conservé la notion d'un Être supérieur.

Les noirs qui meurent dans les établissements européens où ils sont en service sont enterrés dans les champs ou les jardins. Il arriva un jour, près du moulin de Braidwood, que des nègres, après s'être enivrés, se prirent de querelle et que l'un d'eux, atteint de trois coups de tomahawk, tomba pour ne plus se relever. Comme on prétendit qu'il avait été tué à coups de bâton, les membres de sa tribu obtinrent la permission de l'ensevelir. Mais, quelques jours après, les chefs eurent vent qu'il avait été assommé avec un tomahawk et prescrivirent une enquête : on exhuma le cadavre, et l'examen auquel on le soumit confirma cette circonstance. Seulement, sur les entrefaites, le meurtrier s'était sauvé dans les bois et ne put être repris.

Quand un sauvage est tué à l'aide du bomerang ou de quelque autre arme indigène, le chef de sa tribu prend toujours la cause en main et, si le coupable peut être appréhendé, prononce contre lui une peine, qui consiste en ce qu'on lui lance un certain nombre de javelots. On attache à cet effet le condamné à un arbre, mais en lui laissant les bras et les jambes libres, parce qu'il a le droit de se défendre à l'aide d'un petit bouclier. Puis on lance contre lui, à cinquante pas de distance, et très-rapidement, jusqu'à soixante ou quatre-vingts javelots. Le plus souvent il est mortellement atteint. On a pourtant des exemples d'hommes qui ont échappé à ce supplice avec quelques blessures insignifiantes; dans ce cas, leur crime est réputé expié.

J'ai été témoin oculaire de la plupart des scènes et des usages que je viens de rapporter; les autres m'ont été racontés par les nègres eux-mêmes. Dans leurs rapports avec les blancs, ils se servent de la langue anglaise, naturellement quelque peu altérée.

L'arithmétique exige beaucoup trop d'efforts d'intelligence pour que les nègres prennent la peine de s'y livrer. Ils savent compter jusqu'à 4; au delà, ils comptent sur leurs doigts ou à l'aide d'une taille.

Entre eux, les nègres s'expriment avec une telle rapidité qu'il faut prêter à leurs paroles une attention extraordinaire pour en saisir le sens, et pourtant ils parlent en général si haut qu'on les entend à mille pas de distance.

A part la viande d'opossum, qui constitue son ordinaire, le nègre se nourrit d'huîtres, de vers blancs, d'escargots, de miel, etc. Souvent on rencontre des femmes occupées à fouiller la terre avec un bâton pointu pour y découvrir certaines racines savoureuses dont elles sont très-friandes. Quant aux fruits et aux baies de la forêt, dont beaucoup d'espèces sont vénéneuses, c'est sur les oiseaux que les indigènes se guident dans leur choix. Au besoin, ils ne dédaignent pas les serpents, mais ils ne mangeraient jamais d'un reptile tué par un Européen.

Pour se procurer du feu, ils prennent un morceau de bois bien sec, le fendent en deux, posent sur la surface plane de l'une des moitiés du charbon et de l'écorce broyée, pointent l'autre moitié et après en avoir appuyé l'extrémité sur le mélange de charbon et d'écorce, la frottent très-rapidement entre leurs mains. Il est rare qu'il leur faille plus d'une minute pour avoir du feu.

Le nègre d'Australie est noir comme son frère de l'Afrique centrale; mais ses cheveux, au lieu d'être crépus, sont lisses et bouclés. Il a, de plus, la barbe forte, les mains et les pieds bien proportionnés, les bras et les jambes relativement très-minces, la démarche fière, le nez court et large, les dents d'une blancheur éblouissante, les lèvres épaisses, les yeux bruns, le front bas, les pommettes saillantes. Tels sont les principaux traits de sa physionomie.

Chez les hommes âgés, la peau tire sur le brun, tandis que la barbe et les cheveux grisonnent.

L'Australien est généralement lâche; il n'attaque jamais son ennemi en face, mais il est dangereux lorsqu'il peut le frapper par derrière. Comme il a, à un haut degré, le sens de l'orientation, on a souvent recours à lui pour traverser des forêts ou des taillis, et il fait assez volontiers ce métier de guide. Mais il faut toujours prendre garde de le faire marcher devant soi, car si par inadvertance on le dépassait, il ne se ferait nul scrupule de frapper par derrière ceux qui se seraient confiés à lui. Je ne sais si, comme on le prétend, les nègres australiens se plaisent à tuer les blancs pour enduire leurs membres avec la graisse des victimes; du moins n'ai-je aucune connaissance personnelle de ce fait. Je serais plutôt porté à croire que, quand ils font périr un voyageur isolé ou une troupe de voyageurs, ce qui est assez fréquent, c'est moins pour se procurer un onguent que pour les manger.

Du reste, il est avéré que les nègres s'enduisent le corps de substances grasses, afin de se préserver des moustiques.

Aussi paresseux que lâches, ils sont de très-médiocres travailleurs ; les squatters, quand ils manquent de bras pour les travaux des champs, prennent quelquefois des nègres à leur service, mais n'en tirent à peu près aucune aide. Ce que le noir aime le mieux, en fait de travail, c'est de s'étendre au pied d'un gommier et de bayer aux corneilles.

Quand il m'arrivait d'en rencontrer un dans cette posture de fainéant et de lui demander s'il n'avait donc rien à faire, savez-vous ce qu'il me répondait ? « *I am the gentleman, and you are the servant* » (c'est moi qui suis le monsieur, et c'est vous qui êtes le serviteur).

TABLE DES MATIÈRES.

EUROPE.

ASIE.

AFRIQUE.

AMÉRIQUE.

AUSTRALIE.

STRASBOURG, IMPRIMERIE BERGER-LEVRAULT & Cie.

www.ingramcontent.com/pod-product-compliance
Ingram Content Group UK Ltd.
Pitfield, Milton Keynes, MK11 3LW, UK
UKHW020201250726
13967UKWH00003B/1202

9 782012 930230